KB146772

은하의
한구석에서
과학을
이야기하다

GINGA NO KATASUMIDE KAGAKU YAWA

by Taksu CHEON

ⓒ Taksu CHEON 2020, Printed by Japan

Korean translation copyright ⓒ 2021 by DADALIBRO

First published in Japan by Asahi Press

Korean translation rights arranged with Asahi Press

through Imprima Korea Agency.

은하의
한구석에서
과학을
이야기하다

전탁수 지음 | 김영현 옮김

물리학자가 들려주는
이 세계의 작은 경이

다다
서재

우리가 살아가는 것은 그저 아름다움을 발견하기 위함이며,
그 외 모든 것은 일종의 기다림이다.

칼릴 지브란

일러두기

1   본문의 각주는 모두 옮긴이 주입니다.

2   외래어는 국립국어원 외래어 표기법을 준수하되, 일부는 일상에서 널리 쓰이는 표기를 따랐습니다.

3   본문에 나오는 도서 중 한국에 출간된 경우는 한국어판 서지 정보를 수록했습니다.

들어가며

　과학을 접하지 않고 현대를 살아간다는 것은 마치 풍요로운 바닷가 항구 도시를 여행하며 물고기를 먹지 않는 것이나 마찬가지다. 다만 과학은 비밀의 정원이다. 방정식과 전문용어라는 벽이 과학을 둘러싸고 있어 그냥 지나치는 이에게는 쉽사리 매력을 드러내지 않는다. 그 비밀스러운 정원의 벽에 조그만 창을 내는 것이 우리 과학자의 책무라 할 수 있다.

　주제에 얽매이지 않고 과학이 지닌 재미의 핵심을 전하는 책을 쓰고 싶었다. 우연히 알게 된 출판사 관계자에게 그런 바람을 이야기했지만 과학 에세이는 팔리지 않는다고 대번에 거절당했다. 그 대신 필자의 본업인 양자역학을 수식 없이 해설하는 책을 그곳에서 출간했다.

그 해설서가 우연히 아사히출판사朝日出版社 편집자의 눈에 띄었는데, 그는 과학자답지 않은 내 문체를 좀더 부드럽게 다듬으면 과학 에세이를 출간할 수 있겠다고 말해주었다. 그 뒤 온라인에 글을 연재하며 과학 에세이의 가능성을 시험한 끝에 이 책이 완성되었다.

누군가는 좀더 주제가 뚜렷하게 좁혀진 책을 기대했을지도 모르겠다. 하지만 이 책은 '과학 에세이'라는 일반명사로 부를 수밖에 없는 잡다한 무언가로 완성되었다. 사실나는 당초의 생각이 여러 곡절을 거쳐 실현된 이 책에 지극히 만족하고 있다. 자유로운 사고야말로 과학 발전의 원동력이니까.

현대 과학의 여러 분야에서 거둔 성과, 그리고 그와 관련한 인간의 이야기 중에서 필자의 흥미를 끈 것들을 이 책에 모았다. 그 이야기들을 우주, 원자 세계, 인간 사회, 윤리, 생명까지 크게 다섯 가지로 나누었다. 대부분 최근의 연구이지만, 300여 년 전에 발견된 것도 있다. 전부 일반에는 그다지 알려지지 않은 이야기들이기에 분명 독자 여러분께는 새로운 발견일 것이다.

각 장은 서로 독립되어 있으며 15~20분이면 읽을 수 있다. '야화夜話'를 쓴다는 생각으로 시작했지만, 아침 출근길에, 점심을 먹고 한숨 돌릴 때, 저녁에 심심할 때, 순서에 얽매이지 말고 한 편씩 즐겨주길 바란다.

글을 읽는 것은 때때로 사람을 우울하고 피폐하게 한다. 사람들이 아무렇게나 휘갈긴 단문이 온라인에 가득한 요즘은 더욱 그렇다. 정묘한 과학의 거울에 비친 신비롭고 맑고 환한 세계가 독자 여러분을 그런 우울에서 해방시켜주길 바란다.

앞서 그간의 사정을 적었지만, 우선 이 책이 세상에 나올 수 있게 도와준 편집자 오쓰키 미와 씨에게 감사드린다. 오쓰키 씨는 본문 내용과 잘 어울리는 삽화들도 골라주었다. 대학교 동료이자 내 인생의 스승이기도 한 구스미 마사아키 씨는 글을 한 편 완성할 때마다 꼼꼼히 읽고 유익한 의견을 주었다. 무슨 말로도 감사한 마음을 전부 전할 수 없다. 마지막으로 집필 중에 내가 언짢은 표정으로 집 안을 서성여서 불편했을 텐데 말없이 참아준 아내, 유미에게 특별한 감사를 바친다.

(차례)

제3부 수리사회

제4부 윤리

제5부 생명

제1부

천공

자아계自我系의 암초를 순회하는 은하의 물고기.
코페르니쿠스 이전의 드넓은 흙탕…
수면의 내측에서 이탄층泥炭層이 불타기 시작한다.

○ 요시다 잇스이 「진흙泥」

해변에 잠시 멈춰 서서 다가왔다 멀어지는 파도 소리를 듣고 있으면, '영원'이라는 말이 마음속에 떠오른다.

죽음과 정지靜止가 영원한 안식을 뜻하지는 않을 것이다. 죽음 뒤에도 열역학 제2법칙에 따라 만물은 점점 빛바래며 무너지고, 세계는 무자비하게 노쇠해간다. 영원을 상징하는 다이아몬드의 빛도 결코 영원하지 않다. 천연 다이아몬드는 30억 년 전에 초고온·초고압 마그마 속에서 생성된 이래 다시 만들어지는 일 없이 수십억 년 뒤에는 모조리 재가 되어 흩어질 것이다.

오히려 끊임없이 돌고 돌며 반복하는 것, 주회하며 돌아오는 것 속에 영원이 있지 않을까. 만조와 간조의 되풀이, 태곳적부터 변함없이 똑같은 리듬으로 교대하는 밤과 낮, 초승달과 보름달. 그처럼 영겁의 세월 동안 회귀하는 운동 속에서야말로 영원을 찾아낼 수 있다.

그렇지만 사실 매일 뜨고 지는 태양이나 매달 둥글게 차오르는 달, 밀물과 썰물의 리듬 등도 결코 불변하는 것은 아니다. 수억 년 정도 시간을 두고 보면 하루의 길이조차 변해간다.

하루는 1년에 0.000017초씩 길어지고 있다. 달이 매일 만조와 간조를 일으킬 때마다 바닷물과 해저 사이에 마찰이 일어나 지구의 회전이 아주 조금씩 느려지기 때문이다. 이 반작용으로 각운동량이 늘어난 달은 매년 3.8센티미터씩 지구에서 멀어진다. 달이 멀어지는 만큼 1개월의 길이 역시 조금씩 길어진다.

산호의 표면에는 매일매일 밀물과 썰물의 움직임이 문양처럼 새겨진다. 계절마다 문양의 짙고 옅음이 달라지고,

그에 맞춰보면 1년의 일수만큼 365개의 선이 보인다. 그런데 고고학자 콜린 스크러턴Colin T. Scrutton이 오스트레일리아에 있는 3억 5000만 년 전의 산호에는 1년에 선이 대략 385개 새겨졌다는 걸 발견했다. 즉, 그 시대의 지구는 1년이 385일이었으며, 계산해보면 당시에 하루는 23시간 남짓이었음을 알 수 있다. 비슷한 데이터들이 축적되면서 하루의 길이가 6억 년 전에는 약 22시간, 9억 년 전에는 약 20시간이었을 것으로 추정되고 있다.

천문학자의 계산에 따르면, 500억 년 뒤에 하루의 길이는 현재의 45일만큼 길어질 것이며, 그때는 하루와 한 달의 길이가 같을 것이라고 한다. 그렇게 되면 이미 달이 그러듯이 지구도 항상 같은 면만 달을 향한다는 말이니, 500억 년 뒤 지상은 항상 달이 보이는 나라와 결코 달을 볼 수 없는 나라로 양분될 것이다. 계속해서 지구와 멀어진 달은 태양보다 작게 보일 것이기에 지상에서는 더 이상 개기일식을 관찰할 수 없게 된다. 또한 어느 해변에서도 결코 밀물과 썰물을 볼 수 없다.

그렇지만 아마도 그 쓸쓸한 광경을 우리의 자손이 목격

하지는 못할 것이다. 500억 년 뒤라는 머나먼 미래보다 훨씬 앞서서 적색거성이 된 태양이 달도 지구도 집어삼켜 전부 불태울 테니까.

우리의 세계에 영겁 동안 계속되는 회귀란 존재하지 않는다. 그런고로 영원 또한 존재하지 않는 것만 같다.

'영겁 회귀'를 주창한 이는 잘 알려져 있듯이 19세기 말의 독일 철학자 프리드리히 니체Friedrich Nietzsche다. 그의 저서를 펼쳐서 문학적 수사로 가득한 난해한 글을 해독하면, 그 자리에는 대략 다음과 같은 내용이 남는다.

> 세상은 변하고 변해 그 끝에는 예전의 광경이 거의 그대로 되풀이되지만, 회귀할지 말지 결정하는 것은 우리의 의지다. 초인이란 전세를 모두 긍정하고, 자신의 의지로 세계에 영겁 회귀를 일으키는 자다. 정신의 운율과 육체의 맥동, 생명의 죽음과 재생을 둘러싼 율동은 바로 현실에 결코 존재하지 않는 영겁 회귀의 이념을 이 세계에 초래하려 하는 의지의 작용이다.

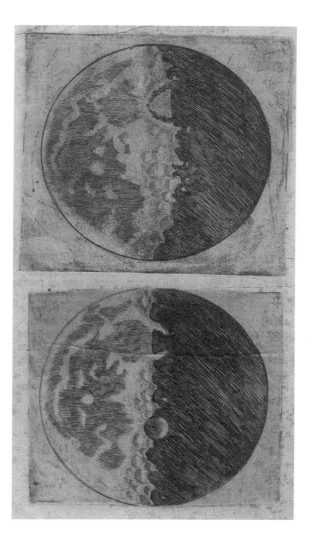

니체가 본 '영원'이 병마로 인한 환영인지, 아니면 세계의 실상인지는 확실치 않다. 하지만 의지에 따라 반복되는 매일매일, 동트기 전 북적거리는 항구, 아침마다 만원이 되는 대도시의 전철, 차례차례 바뀌는 신호등에 맞추어 사거리로 넘쳐나는 사람과 자동차, 저녁 시간 텔레비전 뉴스의 시작을 알리는 변함없는 앵커의 목소리 등 멈추지 않는 인간 세상의 움직임이 우리 세계에 의미를 부여하고, 세계의 존속을 떠받치고 있다는 것은 틀림없는 사실이다.

영겁 회귀, 그리고 영원을 예감하게 하는 무언가가 이 세상에 있다면 니체의 말대로 멸망에서 벗어나 재생을 바라는 생명의 의지일 것이다.

세계가 있기 위해서는, 세계가 있다고 확정하기 위해서는, 세계의 진행을 지켜보며 인지하는 주체가 필요하다. 아마도 영원이란 바다에 일렁이는 파도의 움직임 그 자체는 아닐 것이다. 그 파도에서 무한한 회귀를 느끼는 우리의 의식 속에서만 우리는 영원을 발견할 수 있다. 탄생, 성장, 생식, 죽음의 끝없는 순환이 벌어지는 한 순간 한 순간, 생명의 의식의 모든 순간에야말로 영원이 깃들 것이다.

（ 유성이
쏜아지는 밤에 ）

별똥별은 어디에서 오는 것일까.

별똥별에 소원을 비는 풍습은 오래전부터 전 세계에 있었다. 예고 없이 나타나 찰나의 빛줄기와 함께 사라지는 별똥별이 천계에서 보낸 행운의 사자 같았기 때문이리라.

별똥별은 하늘의 별이 떨어지는 것. 이런 소박한 추론을 고대 학술계는 부정했었다. 아리스토텔레스의 저작을 보면 유성은 대기권 내의 현상으로 천계와 관계없다고 쓰여있다.

그렇지만 당시 학자들의 이론보다 대중의 소박한 이해가

더욱 진실에 가까웠다. 현대 천문학에 따르면 유성의 정체는 혜성과 소행성이 궤도에 흩뿌리는 직경 10센티미터 정도의 암석이나 얼음 조각이라고 한다. 지구의 중력에 사로잡혀서 대기로 낙하하며 불타는 암석과 얼음 조각이 유성인 것이다. 혜성과 소행성의 궤도 중 파편이 많은 구역을 지구가 통과할 때면 한 시간 동안 수십 개의 별똥별이 쏟아지는 유성군流星群을 만날 수도 있다.

대부분 유성은 대기 중에서 전부 타버리지만, 개중에는 너무 커서 다 타지 못하고 지상까지 떨어지는 것도 있다. 그것이 운석이다. 운석의 성분은 지표에 있는 다른 물질과 확연히 달라서 운석의 출처인 혜성과 소행성의 구성 요소를 추측하는 단서가 된다.

이따금씩 조각이 아니라 혜성과 소행성이 거의 통째로 떨어지는 경우도 있다. 비교적 최근인 1994년 7월에는 목성의 중력에 사로잡힌 슈메이커 레비 9 혜성Comet Shoemaker-Levy 9✦이 목성의 기조력에 스무 개가 넘는 조각으로 나뉘어 차례차례 목성과 충돌해서 사라지는 것이 관측되었다.

✦ 캐럴린 슈메이커, 유진 슈메이커 부부와 데이비드 레비가 아홉 번째 발견한 주기 혜성이다.

지구는 목성보다 중력이 약하기에 그와 같은 직접적인 충돌은 훨씬 드문 일인데, 그래도 수천만 년에 한 번 정도는 일어날 것이다. 가령 직경이 수십 킬로미터인 혜성이 그대로 떨어진다면, 그 충돌 에너지는 현재 인간이 보유한 모든 핵무기를 합친 것의 수만 배에 이른다. 여러 신빙성 있는 증거에 기초해 고찰한 결과, 실제로 지금으로부터 6600만 년 전에 거대한 유성이 지구에 떨어졌다고 한다. 그 결과 엄청난 지진과 해일, 그리고 10년 가까이 지속된 연기와 먼지 등으로 '운석 충돌의 겨울'이 일어났다. 당시 지상의 생물종 중 76퍼센트가 멸종했는데, 이를 '중생대와 신생대 경계'의 대멸종이라고 한다. 그 거대한 유성 때문에 공룡이 거의 멸종했고 포유류가 지상의 주인이 되었다. 그러니 포유류의 후손인 인간이 별똥별을 아름답다 느끼며 소원을 비는 것은 무척이나 자연스러운 일 같기도 하다.

별똥별이 불러일으키는 것은 파괴와 생태계 교체만이 아니다. 지상에 있는 물의 일부는 많은 수분을 포함한 거대 혜성과 지구의 충돌에서 유래했다는 유력한 가설이 있다. 또한 생명의 기초인 유기물 대부분이 지상에서 천천히

생성된 것이 아니라 혜성에서 기원한 운석에 달라붙어 지상까지 온 것이라는 학설도 있다. 심지어는 원시생명 자체가 우주에서 왔다는 설, 이른바 '판스페르미아설panspermia theory'도 생물학계와 천문학계의 한쪽에 굳건히 자리 잡고 있다.

별똥별이 없었다면, 아마 독자 여러분은 지금 이 책을 읽지 못했을 것이다. 찰나의 빛줄기를 남기고 사라지는 유성은 천계에서 보낸 행복의 사자이자, 인간 생존에 필요한 요건 중 하나였던 것이다.

◆ ◆ ◆

그렇다면, 별똥별의 근원인 소행성과 혜성은 어디에서 오는 것일까.

혜성과 소행성은 무척 비슷하며, 그중 주위가 기체로 덮여 있고 꼬리가 달린 것이 혜성이다. 다만 수분을 포함하고 있는 작은 천체가 태양과 일정 이상 가까워지면 수분이 기화하여 꼬리가 생겨나는데, 그런 경우에는 혜성의 꼬리인

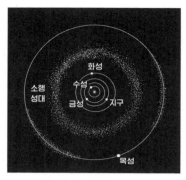

소행성대−소행성의 고향

지 아닌지, 혜성인지 소행성인지 판별하기 어렵다.

소행성은 목성과 화성 사이에 있는 '소행성대'에서 흘러오는 경우가 많다. 비유하면 이웃에서 온 친숙한 손님인 셈이다.

그에 비해 혜성은 대다수가 훨씬 먼 미지의 장소, 태양계 외곽에서 기원한 것이다. 혜성은 태양 주위를 도는 '주기', 즉 같은 위치로 돌아가는 데 걸리는 시간에 따라 두 종류로 나뉜다. 주기가 200년 이하인 경우에는 단短주기 혜성이고, 그 이상인 경우에는 장長주기 혜성이다. 주기가 긴 혜성은 그만큼 태양에서 멀리 떨어진 곳까지 갔다 온다.

단주기 혜성의 고향은 '카이퍼 벨트Kuiper belt'다. 카이퍼 벨트란 화성과 목성 너머 토성과 천왕성을 지나, 태양계의 가장 외측에 있는 행성인 해왕성의 바깥까지 다다르면 펼쳐지는 둥근 고리 모양의 영역이다. 카이퍼 벨트의 범위는 태양에서 지구까지 거리의 30배에서 100배에 달한다. 이 한랭 지대에는 주로 얼음으로 이뤄진 작은 천체가 무수히 흩어져 있다. 또 카이퍼 벨트에는 명왕성과 에리스Eris 등 '왜행성'도 있는데, 작은 천체가 우연히 왜행성에 접근하면 궤도가 크게 꺾인다. 작은 천체끼리 충돌해서 궤도가 변하기도 한다. 그렇게 궤도가 변한 작은 천체 중 지구가 있는 태양계 중심을 향해 떨어지는 것이 바로 혜성이다.

카이퍼 벨트의 둥근 고리가 지구의 공전면에 있기 때문에 지상에서 보는 모든 단주기 혜성은 대략 하늘에서 태양

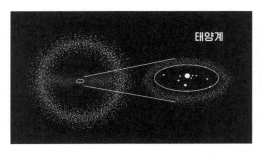

왼쪽 오르트의 구름−장주기 혜성의 고향
오른쪽 카이퍼 벨트−단주기 혜성의 고향

이 움직이는 궤도에 출현한다. '파이어니어 계획'과 '보이저 계획'으로 인간이 보낸 우주선이 이미 카이퍼 벨트에 도달했고, 일부는 그 영역 너머의 우주로 나아갔다.

장주기 혜성은 주기의 길이가 자릿수부터 달라서 1000년을 넘는 것들이 많다. 장주기 혜성의 기원은 지구 궤도 반지름의 1만 배에서 10만 배만큼 떨어진 아득한 곳, 너무 멀어서 행성들도 보이지 않고 태양의 중력이 다른 별들에 의해 상쇄되는 한계 근처까지 걸쳐 있다. 태양에서 광속으로 가도 짧으면 1개월, 길면 1년까지 걸린다. 인류 역사에 기록된 대大혜성은 대부분 장주기 혜성에 속한다. 장주기 혜성의 궤도는 지구 공전면을 기준으로 각도가 다양하기 때문에 그만큼 지상에서 보면 장주기 혜성은 하늘의 다양한 위치에 출현한다.

이런 사실로 미루어보면 지구 궤도 반경의 수만 배, 태양에서 수조 킬로미터 떨어진 극한 지대에 혜성의 씨앗이 무수히 모여서 태양계를 원구 모양의 두꺼운 껍질처럼 둘러싸고 있다고 생각할 수밖에 없다. 이 사실을 깨달은 네덜란

드의 천문학자 얀 오르트Jan Oort를 기리기 위해 태양계의 시베리아라고 할 만한 가장 변방 영역에 '오르트의 구름'이라는 이름을 붙였다. 그곳에는 얼어붙은 작은 천체가 1조 개 정도 있다고 추측된다. 태양계와 가까워진 다른 항성의 영향을 받거나 오르트의 구름에 있는 다른 천체와 충돌해서 태양계 중심으로 튕겨 나온 것이 장주기 혜성이 된다.

✦ ✦ ✦

오르트의 구름은 지구에서 너무나 멀고 성질도 기원도 베일에 싸인 수수께끼이지만, 그와 관련해 '네메시스 가설'이라는 흥미로운 주장이 제기된 바 있다. 그 가설에 따르면 태양은 사실 쌍성 중 주성主星이며, 아직 발견되지 않은 어둡고 작고 붉은 반성伴星✦ '네메시스'가 오르트의 구름 가까이를 돌고 있다. 만약 그 가설이 사실이라면, 네메시스가 오르트의 구름을 가로지를 때마다 수많은 혜성이 생겨나고, 지구 근처로 닥친 혜성 탓에 지구에서는 생명체의 대멸종이 일어날 것이다. 1984년 시카고대학교의 고생물학자 데

✦ 쌍성 중 밝은 별을 주성이라 하고, 그보다 어두운 별을 반성이라 한다.

이비드 라우프David M. Raup와 잭 셉코스키Jack Sepkoski는 과거 2억 5000만 년의 지층을 조사해서 2600만 년 주기로 지구 생명이 대멸종한 흔적을 발견하기도 했다.

태양의 반려별이 있을지도 모른다. 그리고 그 어두운 반성은 수천만 년에 한 번씩 대낮의 하늘까지 뒤덮는 혜성의 폭풍, 아찔하게 쏟아지는 유성우를 지구에 내린다!

이토록 전율을 일으키는 가설이 있을까. 최근의 이론적 연구에 따르면 거의 모든 항성은 쌍성으로 반려와 함께 태어난다고 한다. 네메시스 가설을 측면 지원하는 연구 결과다. 실제로 태양 부근의 별을 보면, 켄타우루스자리의 알파성[*]은 삼중성, 큰개자리의 알파성 시리우스는 이중성, 작은개자리의 알파성 프로키온도 이중성으로 전부 쌍성이다.

연구자들은 태양 부근을 샅샅이 뒤져 어두운 별을 탐색했다. 하지만 아직까지 네메시스는 발견되지 않았다. 심지어 최근에는 통계적 의미를 고려하여 라우프와 셉코스키의 주기적 멸종 가설 자체를 의문시하는 연구가 등장했다. 네메시스가 오래전에는 있었지만 수십억 년 전에 외우주로 날아갔다는 또 다른 가설까지 대두되어서 태양의 비밀

---

[*] 별자리 가운데 가장 밝은 항성을 가리키는 말이다.

스러운 반려를 둘러싼 혼란은 더욱 심해지고 있다. 하지만 네메시스 탐색은 지금도 계속되고 있으며, 태양 근처의 어두운 별을 찾는 데 특화된 새로운 관측 장치가 준비되고 있다.

혜성들은 태양계에서 가장 먼 곳의 신비를 간직한 채 지구 궤도를 방문한다. 혜성들의 조각인 유성군은 그야말로 심우주에서 보낸 비밀의 전령인 것이다.

봄이 한창인 4월 말의 어느 밤, 거문고자리 유성군이 절정에 달하는 날이었다. 고치공과대학교의 어두컴컴한 운동장으로 오랜만에 펼쳐질 천체 쇼를 보려는 사람들이 모여들었다. 학생들, 아이와 함께한 부부, 젊은 연인들. 천체사진가인지 어마어마한 촬영 장비를 짊어진 자유분방해 보이는 남성도 있었다. 밤이 깊었건만 누구도 돌아가지 않았다.

"열두 번째 봤어." 천진한 목소리의 소년이 잠시 자리를 비웠다 돌아온 엄마에게 말했다. 그로부터 머지않아 사람들이 일제히 환성을 질렀다. 동쪽 하늘에 나타난 환하게 빛나는 별똥별이 창백한 꼬리를 길게 그리며 직녀성에서 백조자리의 큰 십자를 향해 떨어졌다. 잊을 수 없는 강렬한 광경이었다.

그래, 환호성으로 반겨주자. 태양계의 끝, 빛조차 닿지 않는 먼 곳에서 우리에게 사자가 방문했으니까.

세계의 중심에 자리 잡은 어둠

"세계의 중심에는 거대한 암흑이 있다."

그날의 객원강사, 고치대학교 물리학과 이이다 게이 교수의 강연은 그렇게 시작되었다.

우주의 중심은 어디일까. 사실 이 질문에는 답이 없다. 우주는 더욱 다차원의 공간에 포함된, 양끝이 연결되어 닫힌 공간이기 때문이다. 지구 표면이라는 2차원 세계에서 살아가는 생물에게 지표의 어느 지점이 중심이냐고 묻는 게 무의미한 것과 마찬가지다.

낮에는 하늘에 빛나는 태양이 있다. 코페르니쿠스 이후 잘 알려져 있듯이 태양은 지구, 금성, 화성 등을 아우르는 태양계 전체의 중심이다. 그렇다면 밤하늘을 가득 채우는 별들의 세계는 어디가 중심일까. 눈에 보이는 별은 거의 전부가 지구도 속한 '우리 은하'의 구성원이다. 그러니 우리 은하의 중심이 눈에 보이는 세계의 중심이라고 여겨도 괜찮을 것이다.

초여름 깊은 밤 머리 위에 걸리는 은하수, 그 별들의 강은 원반형인 우리 은하를 안쪽에서 바라본 모습이다. 하늘 한가운데 있는 백조자리가 몸을 담근 곳부터 따라가서 은하수가 남쪽 지평선과 닿기 조금 전, 전갈자리의 선명한 붉은 별 안타레스의 옆, 궁수자리에서 유독 밝게 빛나는 부근, 그곳에 우리 은하의 중심이 있다.

원반형 은하를 바깥에서 바라본 상상도를 보면 가장자리는 어둡고 얇은 데 비해 중심은 매우 밝고 귤처럼 둥글다. 하지만 우리가 올려다보는 하늘에 그런 곳은 없다. 오히려 은하 중심 근처의 은하수는 도려낸 듯이 어둡다. 그 이유는 빛이 통과하지 못하는 어두운 가스인 암흑성운이 우리 태양계와 은하 중심 사이를 가로막고 있기 때문이다. 우리 세계의 중심인 '은하 중심'은 오랫동안 인간의 눈이 닿지 않는 공백의 세계였다.

적외선 천문학과 X선 천문학이 발전하면서 상황은 크게 달라졌다. 가시광선보다 파장이 긴 적외선이나 파장이 훨씬 짧은 X선은 암흑성운을 뚫고 나아갈 수 있기 때문이다.

적외선으로 관찰한 결과, 은하 중심과 가까워질수록 별들의 밀도가 천 배, 만 배로 높아지더니 결국에는 수십만 배까지 이르렀다. 지구 근처에서는 별과 별 사이의 거리가 4~5광년 정도이지만, 은하 중심으로 갈수록 1광년 정도로 줄어들고 나아가 0.1광년까지 가까워진다. 사방에 별이 가득하다는 뜻이다. 푸르고 붉게 빛나는 별들은 형언할 수 없을 만큼 밝다. 그 영역의 별들 주위에 안정된 행성이 존재하는지는 현재 추측만 하고 있지만, 가령 행성이 있고 그곳에서 생물이 살아간다면 그들의 밤하늘은 화려하고 아름답기가 이루 말할 수 없을 것이다.

위 가시광선으로 관찰한 우리 은하. CC 4.0 BY ESO/S. Brunie
아래 적외선으로 관찰한 우리 은하. NASA's Spitzer Space Telescope

은하 중심으로 좀더 다가가면 어떨까. 그곳은 대단히 강력한 X선이 난무하는 죽음의 세계다. 그곳에는 과연 무엇이 있을까. 2009년, 독일 막스플랑크 연구소의 천문학자들이 우리 은하 중심의 정체를 밝혀냈다.

적외선 망원경으로 보아도 은하 중심에는 암흑 외에 아무것도 없다. 천문학자들은 암흑의 중심 주위를 매우 빠른 속도로 도는 별 14개를 찾아서 그 궤도를 10년 동안 관측하고 기록했다. 그 별들은 모두 하나의 점 'Sgr A*(궁수자리 A별)', 즉 은하의 한가운데 있는 암흑의 중심점 주위를 터무니없이 빠르게 돌았다. 그 사실은 중심점인 Sgr A*에 거대한 질량이 존재한다는 뜻이었다. 계산 결과, 그 질량은 태양의 400만 배였다!

은하 중심에는 태양 2000개를 2000배 모아서 극한까지 압축한, 상상을 뛰어넘는 괴물이 자리 잡고 있었던 것이다. 보통 블랙홀이란 다 타버린 커다란 별이 중력 때문에 스스로 붕괴하여 만들어지는 별의 시체 같은 것이다. 그렇다면 별 수백만 개와 질량이 비슷한 거대 블랙홀은 어떻게 생겨났을까? 현재 이 질문의 답은 인간이 풀 수 없는 미스터리다.

모든 별들이 은하 중심에 있는 초거대 블랙홀 주위를 돌고 있다. 우리 태양계도 2억여 년 주기로 공전한다. 모든 존재의 중심에 암흑이 있었던 것이다.

그렇지만 이 암흑은 단순한 허무가 아니다. 블랙홀은 원반처럼 생긴 물질의 고리 '강착원반降着圓盤'을 두르고 있다. 거대한 중력이 주위 물질을 빨아들일 때 그런 구조가 생겨난다. 원반 내에서는 물질끼리 마찰하고 접촉하고 충돌한다. 그곳은 초고에너지에 고온인 세계다. 물질은 질량의 절반 가까이를 잃는데, 그것이 강렬한 X선 에너지로 방출된다. 즉, 블랙홀은 거대한 중력 에너지 변환기, 우주 최강의 에너지 창출 장치인 것이다. 그에 비하면, 질량의 1000분의 1 정도만 에너지로 변환할 뿐인 인류의 핵무기는 어린애 장난이나 마찬가지다. 강착원반은 은하의 안팎에 에너지를 공급하는데, 언젠가는 그 에너지로 별이 태어나고 빛을 발할 것이다.

우주 전체에는 우리 은하와 비슷한 은하가 무수히 존재한다. 우리 은하 중심의 거대 블랙홀에서 방사되는 에너지가 크다 하지만, 우주 전체로 보면 사실 그리 큰 편은 아니다. 그와 비교도 안 될 만큼 막대한 에너지를 방출하는 '활동은하핵'을 지닌 은하가 여럿 존재한다. 오늘날의 표준적인 상식은 대부분 은하에 활동기와 휴면기가 번갈아 찾아온다는 것이다. 중심의 블랙홀 주위에 많은 물질이 모여들어 흡수될 때, 은하핵은 활동기로 접어든다. 모든 물질을 빨아들이면, 다시 물질이 결집되어 다가올 때까지 휴면기를 보낸다.

아무래도 우리 은하는 우연히 현재 휴면기인 듯하다. 다음 활동기가 언제 시작될지 아직은 예상할 수 없다고 한다.

우리 은하의 중심이 갑자기 빛을 내고 터무니없는 강도의 우주선宇宙線✦이 내리쬐는 날, 우리는 모두 죽음을 맞이할 것이다. 그날이 1억 년 후일지, 100년 후일지, 아니면 내일일지, 자신의 우주적 운명을, 우리는 알지 못한다.

✦ ✦ ✦

모호한 상념에 잠겨 있는 사이, 이이다 박사의 강연이 끝났다. 어디선가 불어온 산들바람이 감귤꽃 향기로 강의실을 가득 채웠다. 초여름 저녁이 저무는 가운데 질문하는 학생들에게 둘러싸여서 교실 밖으로 나가는 박사의 모습이 멀어졌다.

또다시 망념이 떠올랐다.

거대 블랙홀의 기원은 무엇일까. 무수히 많은 작은 블랙홀이 충돌과 합체를 반복한 끝에 생겨났을까. 아니면 우리

✦ 우주에서 쉬지 않고 지구로 내려오는 고에너지의 입자선.　　　　41

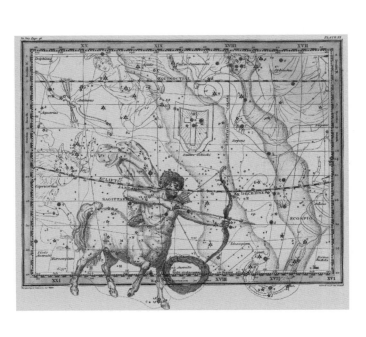

가 모르는 경이로운 초超천체가 죽고 남은 시체일까.

모든 것을 지워버리는 칠흑 같은 침묵, 그와 동시에 세상을 가득 채우는 빛과 힘의 원천이기도 한 은하 중심의 블랙홀. 고대 현인들은 우리보다 앞서서 세계 중심에 존재하는 거대 블랙홀을 눈치채지 않았을까. 한 손으로 죽음을, 다른 손으로는 창조를 지배하는 힌두교의 주신 시바는 오래전 인도의 철인哲人들이 종교적 인식 속에서 거대 블랙홀을 예감하고 신으로 은유한 존재가 아닐까.

강의실은 어두컴컴했다. 나가는 문이 잠겨서 열리지 않았다.

경비실에 연락하려고 휴대전화를 꺼냈다. 당연하다면 당연하게도 전화기는 배터리가 다 되어 꺼져 있었다.

(퍼스트 라그랑주 호텔)

약 30년 전, 남동생의 결혼식 피로연에서 누군가 신혼부부에게 '달의 잉기라미Inghirami 계곡 권리서'라는 것을 거창하게 선물했다. 나중에 짙은 분홍색 띠를 감은 서류를 살펴봤는데, UN으로부터 달의 소유권을 샀다고 주장하는 미국인 데니스 호프가 대표로 있는 '루나 엠버시Lunar Embassy'라는 기관에서 발행한 것이었다.

1980년, 실직 상태였던 데니스 호프는 차창으로 어딘지 슬프고 아름다운 달을 올려다보다 '달의 부동산 소유권'을 떠올렸다. UN에서 1967년 비준한 '우주 조약'은 주권국가가 달을 소유하고 자원을 이용하는 것을 금지했지만, 개인이나 회사에 대해서는 언급하지 않았다. 호프는 이 조약의 허점을 이용해서 UN에 서류를 보냄으로써 그해에 달의 소유권을 (자신의 머릿속에서) 확정했다.

2010년, 미국 정부는 달 탐사를 위한 '콘스텔레이션 계획 Constellation Program'을 중지하고, 달까지 우주 공간의 개발을 민영화한다는 방침을 세웠다. 그 뒤로 예전 같았으면 황당무계했을 월면 구역들의 소유권 혹은 개발권과 관련한 이야기가 급작스레 현실성을 띠기 시작했다.

달의 토지를 대농장 크기로 나눠서 권리증을 판 덕에 데니스 호프는 1000만 달러가 넘는 자산을 축적했다고 한다.

사실 달의 부동산 소유권보다 한 발 가까운 곳에 더욱 현실적인 문제가 있다. 바로 '제1 라그랑주점点'의 소유권, 또는 점유사용권을 둘러싼 문제다.

제1 라그랑주점이란 지구와 달을 잇는 직선에서 달까지 85퍼센트 간 지점을 말한다. 지구의 중력과 달의 중력이 평형을 이뤄 안정되는 지점이기에 이른바 지구—달 노선의

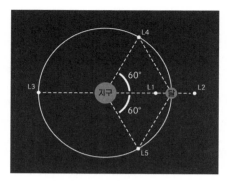

다섯 개의 라그랑주점(L1~L5)

천연 휴게소로 적합하다. 이처럼 전략적인 장소에 최초로 항구적인 우주 정류장을 설치하면 뒤이을 달 개발에서 우위에 설 것이라 예상되고 있다.

　지구와 달의 중력이 평형을 이뤄 안정되는 라그랑주점은 총 다섯 곳이다. 그중 제1라그랑주점(L1)과 제2라그랑주점(L2)은 지구와 달을 통과하는 직선상에 있다. 2019년 달의 뒷면에 착륙한 중국 탐사선은 지구에서 보았을 때 달 너머에 있는 제2라그랑주점 둘레를 공전하는 'L2 헤일로 궤도L2 halo orbit'에 놓인 인공위성을 통신 중계에 이용했다.

우주 비행의 비용은 대부분 로켓을 발사할 때 쓰이는데, 현재 일론 머스크가 경영하는 스페이스X가 그 비용을 선도하고 있으며 금액은 대략 6000만 달러다. 경제지에서는 이 비용이 민간 우주개발업체들의 경쟁으로 10년 뒤 대략 1800만 달러까지 떨어질 것이라 예상하고 있다.

2015년 미국 의회에서 민간인의 우주 개발을 허가하는 '상업적우주발사경쟁력법'이 통과되자 IT, 부동산, 온라인 서점 등 다양한 분야의 억만장자들이 곧장 사업에 뛰어들었다. 야심에 가득한 그 면면을 보면 낙관할 만하다고 고개가 끄덕여진다.

예상대로 된다면 약 40년 후, 로켓을 한 차례 쏘아 올리는 비용이 100만 달러 아래로 떨어져서 우주 여행 대중화가 본격화될 것이다. 그리고 그때 남동생 부부를 비롯해 달의 부동산 권리서를 지닌 땅 주인들은 일찍이 약속받은 자신의 땅에 비로소 설 수 있을지도 모른다.

그런 미래가 실현되면 지구와 달을 잇는 정기 노선의 천연 휴게소인 '라그랑주 호텔 1호점'을 경영하는 이에게는 말 그대로 천문학적인 부가 쌓일 것이다. 우주 부동산 스타트

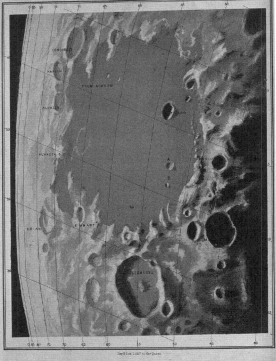

THE MARE CRISIUM, AT NEW MOON.

업이 나스닥에 상장되는 건 언제쯤일까.

한편으로는 의문도 떠오른다. 무질서한 우주 자원 개발을 그냥 두어도 괜찮을까? 서로 어긋나는 국제법과 국내법을 어떻게 해야 할까? 선언만 하면 달을 소유할 수 있다는 호프의 주장은 논외로 제쳐두겠지만, 그렇다면 달은 누구의 것일까? 콜럼버스처럼 "신의 이름으로 이 미지의 땅은 내 주군의 것이다." 하고 선언하면 유효할까? 서로 소유권을 주장하며 부딪치면 누가 조정할까?

전 세계의 법률가들 사이에서 우주법을 공정하게 정비하려는 움직임이 차차 일어나고 있다. 다만 개인의 자유와 전 인류의 공평한 권리 사이에서 균형을 잡고 실효적이기도 한 법률로 개정하는 것은 무척 많은 의견이 오가는 지난한 과정이 될 듯싶다. 그러는 사이에도 달과 달로 가는 노선 개발은 차근차근 진행될 것이다.

지구상 구석구석 모르는 곳이 없고 선주민들이 차지하지 않은 곳이 없어 답답할 지경인 오늘날, 이 세계의 젊은 이들에게는 우주야말로 유일하게 남은 프런티어일 것이다.

필자가 살고 있는 고치현에서는 올해도 국영 언론의 주

도하에 에도 막부 말기와 사카모토 료마✦ 유행에 편승한 행사가 성대하게 열리는 모양이다. 필자의 생각에 만약 사카모토 료마가 현대에 되살아난다면, 그런 화려한 행사에는 눈길도 주지 않을 것 같다. 또한 요즘에 어디서나 유행하는 바이오, 환경, 인공지능에 대해서도 관심 없지 않을까. 아마 앞서 나간 스페이스X의 일론 머스크, 비글로 에어로스페이스의 로버트 비글로, 그 외 러시아와 중국의 기업가들과 제1라그랑주점을 둘러싼 주도권 다툼을 벌이기 위해 곧장 우주 개발에 뛰어들 듯싶다.

✦ 사카모토 료마는 에도 막부 말기에 활동한 무사 겸 사업가로 지금도 일본에서 진취적인 인물의 상징으로 인기가 높다. 고치현은 사카모토 료마의 고향이다.

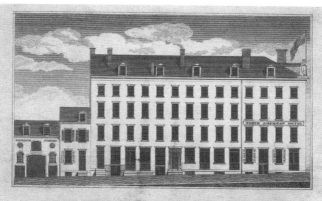

NORTH AMERICAN HOTEL

NEW YORK.

————— ✷✷✷✷✷✷✷✷✷✷✷✷✷✷ —————

THIS NEW AND SPLENDID ESTABLISHMENT, SITUATED IN THE MOST PLEASANT AND CENTRAL PART OF THE CITY, IN THE

BOWERY, CORNER OF BAYARD-STREET,

Near the Bowery Theatre, where the Bowery and Wall-street Stages pass hourly.

Offers to gentlemen from the South, and strangers generally, every inducement, as it contains a number of Parlours with Bed-rooms adjoining; single Bed-rooms, &c. The Table will be constantly furnished with every luxury of a plentiful New-York market, and the Bar with a choice variety of Wines, and other Liquors, not surpassed by any establishment in the city.

The Proprietor pledges himself to use every exertion to render his House pleasant and agreeable to all those whose pleasure it may be to favor him with their patronage.

PETER B. WALKER.

APRIL, 1832.

W. Applegate, Printer, 257 Hudson-street, one door above Charlton, New-York.

제2부

원자

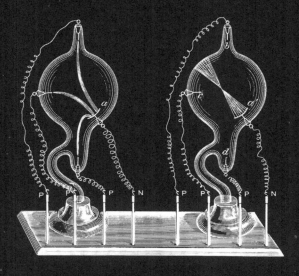

손바다으로 사라지는 북두칠성의 인印.

…그렇다 해도 피어나야 한다, 이 내부의 꽃은.

등 뒤에서 모래시계가 흘러내린다.

○ 요시다 잇스이 「백조」

(진공을 탐구하다)

있는 듯 없는 듯한 사람이나 물건을 가리켜 '공기 같다'고 표현하곤 한다. 그 말은 동시에 열긴 해도 분명히 존재하는 것, 우리에게 익숙하고 친숙한 존재를 가리키기도 한다. 공기조차 존재하지 않는 허무는 공포를 불러일으킨다. 근대 이전에 과학이 '진공'의 존재를 부정했던 것은 바로 자연이 진공을 무서워한다고 믿었기 때문이다.

진공이 실제로 존재함을 처음 밝힌 이는 이탈리아의 에반젤리스타 토리첼리Evangelista Torricelli다. 1646년의 일이었다. 단서는 당시 곳곳에서 지하수를 올릴 때 사용하던 펌프였다. 속이 빈 기다란 관을 우물물에 담그고 펌프의 피스톤을 당기면 별로 힘들이지 않고도 물을 올려서 지상의 수도꼭지까지 유도할 수 있었다. 그런데 우물의 깊이가 대략 10미터보다 깊으면 아무리 피스톤을 당겨도 물이 수도꼭지까지 닿지 않았다. 우물의 모양이나 장소와 관계없이 일반적으로 나타나는 현상이었고, 이유는 누구도 몰랐다.

피렌체의 대공에게 의뢰를 받아 이 문제를 조사하던 갈릴레이는 이미 다른 현상을 통해 공기에 무게가 있음을 알고 있었다. 메디치 가문의 궁전에서 갈릴레이는 직접 펌프를 이용해 실험을 했다. 갈릴레이는 펌프 속의 물이 10미터까지 올라오는 것은 펌프 밖에서 수면에 가해지는 공기의 무게와 펌프로 올린 물의 무게가 수면의 단위 면적당 환산했을 때 평형을 이루기 때문이라고 올바르게 추측했다. 단, 갈릴레이는 10미터 이상 피스톤을 당겼을 때 무슨 일이 벌어지는지는 설명하지 않았다.

갈릴레이의 제자였던 토리첼리는 생각했다. 펌프 바깥 공기의 무게가 수면에 미치는 압력, 그리고 높이 10미터인 물기둥의 무게가 물기둥 바닥면에 미치는 압력, 이 두 압력이 평형을 이루면 당연히 그 이상 피스톤을 당겨도 펌프 내 수면이 움직이지 않을 것이라고 말이다. 그리고 10미터 이상 당긴 피스톤과 10미터에 멈춰 있는 물기둥 사이의 공간은 애초에 없다가 생겨난 것이기에 그 공간에는 아무것도 없다고 결론을 내렸다. 길이가 10미터 이상인 펌프를 속이 보이도록 유리로 만들면, 높이 10미터에서 멈춘 물기둥과 10미터 이상 당긴 피스톤 사이의 '진공'을 두 눈으로 볼 수 있으리라고 말이다!

10미터가 넘는 유리관은 어떻게 만들면 될까. 고민하던 토리첼리에게 하늘의 계시가 내려왔다. 같은 실험을 물보다 훨씬 무거운 액체로 하면 되지 않을까. 당시에도 지금도 가장 무거운 액체로 알려진 것은 같은 부피에서 물보다 13배 무거운 수은이다. 펌프로 수은을 올리면 수은 기둥의 높이가 대략 76센티미터일 때 펌프 바깥의 수은면에 가해지는 공기의 무게와 평형을 이룰 터. 그러니 76센티미터 이상 피스톤을 당기면 진공을 볼 수 있을 것이라고 토리첼리는 예측했다.

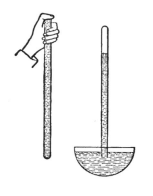

곧이어 토리첼리는 76센티미터 정도라면 굳이 펌프를 쓸 필요도 없다는 걸 깨달았다. 1미터짜리 시험관에 수은을 가득 채운 다음 대야에 담아둔 수은 속에 거꾸로 세우기만 하면 되지 않나. 시험관 속 수은 기둥은 공기의 무게와 평형을 맞추기 위해 76센티미터까지 높이가 낮아질 테고, 기둥이 낮아지면서 시험관 속에 생겨난 공간은 진공일 게 틀림없다.

그다음에 일어난 일은 역사에 남아 있다. 토리첼리는 인류 중 처음으로 진공을 목격한 사람이 되었다.

진공을 발견했다는 뉴스는 금세 전 유럽 과학계에 퍼졌다. 프랑스의 수학자 블레즈 파스칼은 이듬해인 1647년 자신이 살던 클레르몽 거리의 광장과 인근의 퓌드돔산 정상(표고 약 1400미터), 표고가 다른 두 곳에서 수은 기둥 실험을 실시했다. 관찰 결과 산 정상에서는 수은 기둥의 높이가 더 낮아졌다. 이 실험으로 기압 개념이 확립되었다. 지상에서 높이 올라갈수록 기압은 낮아진다. 계속해서 올라가다 보면 기압이 0이 되어 시험관 속 수은의 높이가 대야에 담긴 수은과 같아질 것이다. 왜냐하면 그보다 표고가 높은 장소에서는 더 이상 공기를 찾을 수 없기 때문에.

일정 표고 이상에는 공기가 없다. 아니, 이런 표현은 맞지 않을 것이다. 냉혹한 진공이 끝없이 펼쳐진 우주에 공기를 얇게 두른 좁쌀만 한 지구가 오도카니 고독하게 떠 있는 것이다. 자연이 진공을 싫어한다는 것은 희망적인 추측이었다. 인간의 논리도 윤리도 거부하는 공허야말로 우주의 참된 모습이다. 신비사상가이기도 했던 파스칼이 직관적으로 깨달은 이런 우주상은 『팡세Pensées』✦(사색록)의 다음 문장에 뚜렷이 담겨 있다.

Le silence éternel de ces espaces infinis m'effraie.
무한한 공간의 영원한 침묵이 나를 두렵게 한다.

✦ 이환 옮김, 민음사 2003.

LE PUY-DE-DOME
Le Temple de Mercure et l'Observatoire

근대 과학의 여명을 알린 진공의 발견에서 일찌감치 '실재적 불안'을 예감한 파스칼의 통찰력이 놀랍다. 그것은 300년 후 합리주의와 과학이 승리한 핵의 세기에 전 인류가 직면하게 될 고뇌이기도 했다.

진공을 발견한 것은 근대 과학이 발전하는 데 결정적인 역할을 했다. 토리첼리의 실험에서 200여 년 후 하인리히 가이슬러는 강력한 흡입 펌프를 개발해서 더욱 완전한 진공을 만들어냈다. 가이슬러는 수학자 율리우스 플뤼커와 함께 진공 상태의 유리관에 전압을 가하는 방전 실험을 했다. 음극관이 등장한 것이다. 그들은 진공 방전이 내는 새롭고 눈부신 빛을 목격했다. 그 빛은 훗날 가스등을 대신한 전등의 시대를 열었다.

음극관을 이용한 실험 덕에 전자의 존재를 밝혀낼 수 있었고, 나아가 미지의 빛, 즉 물체를 투과하는 X선도 발견할 수 있었다. 진공이야말로 원자와 핵과 방사선 에너지의 세계로 통하는 무거운 문의 열쇠였던 것이다.

(베크렐 박사의
오래전 기억)

(슬픈 사고들 때문이지만) 방사선 강도를 나타내는 단위 '베크렐Bq'은 오늘날 상식이 되었다. 베크렐이라는 단위명은 방사선을 처음 발견한 19세기 프랑스 물리학자 앙투안 앙리 베크렐Antoine Henri Becquerel에게서 따온 것이다.

때는 1895년, 유럽은 '인체를 투과하는 새로운 빛' X선의 발견으로 흥분하고 있었다. 뢴트겐선이라고도 하는 X선은 그때껏 과학에서 전혀 예상하지 못했던, 왠지 섬뜩한 새로운 현상이었다. '이 세상 전부가 원리적으로 해명되었다.'라고 여기던 당시 물리학계의 분위기가 하룻밤 사이에 뒤

바뀐 것이다. 그간 모르던 강대한 힘을 품은 빛이 더 존재하지 않을까 많은 사람들이 의심하기 시작했다.

파리의 국립자연사박물관 수석 연구관이었던 베크렐은 X선을 발견한 빌헬름 뢴트겐의 논문을 정독하고는 생각했다. 눈에 안 보이는 X선이 형광물질을 바른 종이를 빛나게 한다면, 형광물질에 빛을 비춰서 X선을 만들 수는 없을까? X선 외에 미지의 빛을 더 찾을 수 있지 않을까?

베크렐은 수중에 있는 온갖 물질에 태양광을 비춰서 형광이 나는지 조사하기 시작했다. 그의 시선을 끈 것은 태양광을 받은 '우라늄염'에서 나는 인광*이었다. 그 우라늄염은 보헤미아 유리의 아름다운 초록색을 내는 데 쓰던 안료였는데, 주데텐산맥에 있는 카를스바트 온천 거리** 인근의 요아힘스탈 은광에서만 산출되는 희소한 재료였다.

스스로도 설명할 수 없는 기묘한 전조를 느낀 베크렐은 태양광에 노출한 우라늄염을 두꺼운 검은 종이로 감싸서 사진 건판*** 위에 올려두고 그 사이에 십자가를 끼워넣었다.

---

* 빛의 자극을 받아 발광하던 물질이, 자극이 멎은 뒤에도 내는 빛.
** 주데텐산맥은 오늘날 체코의 수데티산맥, 카를스바트는 체코의 카를로비바리다.
*** 사진을 인화할 때 쓰던 도구로 오늘날에는 특수한 경우를 제외하곤 사진필름으로 대체되었다.

1. Foglia di Fico 2. Foglia di Spina bianca 3. di Cinque dita

그대로 며칠 방치한 뒤에 사진 건판을 꺼내 현상해보니, 베크렐이 예상한 대로 십자가를 제외한 부분은 새하얗게 감광된 사진이 나왔다. 태양광을 쬔 우라늄염은 인광뿐 아니라 검은 종이를 투과하는 보이지 않는 무언가를 방출했던 것이다!

그 무언가는 X선일까? 베크렐은 실험을 거듭하면서 미지의 방사선이 주위 공기를 활발하게 이온화하는 것도 발견했다. 아무래도 미지의 방사선은 뢴트겐이 발견한 X선보다 훨씬 강력한 에너지를 지닌 듯했다. 눈에 보이지 않지만, 그 방사선은 물질을 투과한다기보다 때려서 관통했다.

마지막으로 흐린 날씨라는 행운이 베크렐을 찾아왔다. 1896년 2월 파리에는 태양이 보이지 않는 흐린 날이 연이었다. 실험을 중단한 베크렐은 검은 종이로 싼 우라늄염을 실험실의 서랍에 넣어두었다. 며칠 뒤에야 날이 맑아졌고 베크렐은 실험을 시작하기 전 시료를 확인하다 경악했다. 검은 종이로 감싼 우라늄염 아래에 우연히 놓여 있던 사진 건판이 이미 감광되어 있었던 것이다. 십자가의 형체도 뚜렷이 찍혀 있었다. 우라늄염은 태양광을 전혀 쬐지 않아도 자연적으로 미지의 방사선을 방출했던 것이다.

인류가 처음 방사능을 발견한 순간이었다.

베크렐은 오래전 기억의 깊은 곳에서 무언가 꿈틀대는 걸 느꼈다.

잠자리에 드니 봉인이 풀리듯 어린 시절의 기억이 생생하게 되살아났다. 아버지 에드몽이 저녁 식사에서 몇 번 신기한 이야기를 들려준 적이 있었다. 당시 파리에서 유명하던 '니엡스 드생빅토르 사진관'에 우라늄염 안료로 그림을 그린 천과 염화은을 바른 감광지가 우연히 조금 떨어진 자리에 나란히 걸렸다고 한다. 그런데 불가사의하게도 천의 그림이 감광지에 그대로 찍혔다고 아버지가 이야기해주었다.

베크렐이 돌이켜보니 그 일은 방사능이 아무도 모르게 모습을 드러낸 것이었다. 그림에 사용된 우라늄염에서 방출된 방사선이 평행한 위치에 있던 감광지에 닿아 원래 그림과 비슷하게 찍힌 것이다.

베크렐의 아버지 에드몽은 생전에 국립자연사박물관의 수석 연구관이었다. 아버지가 세상을 떠난 후 베크렐도 그

С.-ПЕТЕРБУРГЪ.
Изданіе редакціи журнала «Знаніе».
1875.

자리에 올랐다. 참고로 베크렐의 학술 논문에는 사진관의 신기한 사진에 대한 언급이 전혀 없다.

베크렐이 자연 방사선을 발견했다는 뉴스는 눈 깜짝할 사이에 전 유럽에 퍼졌다. 머지않아 퀴리 부부가 여러 광물을 조사한 끝에 우라늄 외에 라듐, 폴로늄 등 방사성 원소를 찾아냈다. 그 뒤 우라늄 방사선의 정체가 초고속으로 방출된 헬륨 원자핵이라는 사실, 우라늄이 붕괴하여 다른 원소로 변화하는 과정에서 헬륨 원자핵이 방출된다는 사실이 차례차례 밝혀졌다. 이렇게 해서 새로운 세기를 앞두고 핵분열과 고에너지 방사선으로 대표되는 원자핵의 세계가 인류 앞에 가공할 만한 모습을 드러냈다.

우라늄 방사선을 발견하고 12년 후, 베크렐은 백혈병으로 55세에 생을 마쳤다. 그가 생전에 몇 백만 베크렐의 방사선에 노출되었을지, 이제 와서는 알아낼 도리가 없다.

실라르드 박사와 죽음의 연쇄 분열

아무리 큰 강이라도 해도 거슬러 올라가면 한 줄기 원류에 다다를 수 있다.

시작점은 보헤미아 유리의 초록색 원료, 체코의 요아힘스탈 은광에서 채굴되던 우라늄이었다. 1896년 베크렐의 우라늄 방사선 발견이 원류가 되었고, 유럽 각지에서 방사능과 원자핵 물리학을 탐구하기 시작했다. 아름다운 초록색 유리 내부의 극도로 미세한 세계에 마력이 깃들어 있었던 것이다. 점점 거세지는 연구의 흐름이 마침내 우라늄 핵무기 개발이라는 격류가 되어 반세기 후 히로시마에 지옥도를 실현하리라고는 아무도 예상하지 못했다.

원류에서 시작되어 구불구불 굽이치는 물길이 이윽고 한 방향으로 안정되듯이, 원자핵 에너지의 봉인이 풀려서 시작된 흐름은 1933년 런던 거리에서 비극적인 역사로 방향이 정해졌다. 신호등에 걸려서 기다리던 헝가리 출신의 망명 물리학자 레오 실라르드Leo Szilard에게 연쇄 핵반응이라는 아이디어가 계시처럼 내려온 것이다.

당시에는 중성자를 충돌시켜 원자핵을 붕괴시키는 연구가 각지에서 시작되고 있었다. 만약 그 붕괴 과정에서 중성자가 여럿 나온다면, 그 중성자들이 다른 핵들을 붕괴시

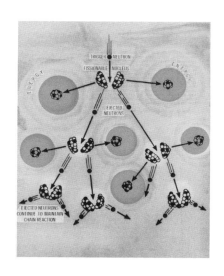

키고 다시 중성자가 여럿 나와서 또 다른 핵들을… 이런 식으로 핵이 연쇄적으로 붕괴하여 방대한 에너지를 방출할 것이라고 실라르드는 생각했다.

그로부터 10년 뒤 시카고대학교의 미식축구 경기장 지하, 실라르드는 미국 정부의 풍부한 자금으로 비밀리에 만들어진 실험용 원자로 앞에 있었다. 실라르드는 이탈리아에서 망명한 동료 물리학자 엔리코 페르미와 함께 농축을 반복하여 순도를 높인 우라늄 연료봉이 이론대로 연쇄 반응을 일으키는 것을 직접 목격했다.

실라르드는 마음이 급했다. 역사의 물길이 험준한 계곡에 접어들어 나치 독일이 체코를 차지했기 때문이다. 유럽

아인슈타인(왼쪽)과 실라르드(오른쪽)

의 유일한 우라늄 광산이 히틀러의 손아귀에 들어간 것이다. 실라르드는 독일에 추월당하면 안 된다고 자신을 타이르며

스스로 대량 살육 병기의 사도가 된 것에 대한 양심의 가책을 잠재웠을까. 결국 그렇게 핵폭탄으로 향하는 길이 열렸다. 실라르드가 경고 없이 도시에 핵폭탄을 투하해서는 안 된다고 정부 수뇌에게 보낸 편지가 남아 있지만, 그 바람이 이뤄지지 않았음은 굳이 말할 필요도 없다. 그 뒤 역사에 어떤 비극이 일어났는지는 모두가 알고 있다.

어째서 실라르드는 핵무기의 원리를 구상했을까. 위력이 강력한 핵무기가 전쟁 자체를 불가능하게 만들 것이라는 신념이 있었기 때문이다. 실라르드는 허버트 조지 웰스의 소설 『해방된 세계*The World Set Free*』에서 결정적인 영향을 받았다고 회상했다.

SF소설의 시조 중 한 명인 웰스는 1차 세계대전 직전인 1914년에 출간된 『해방된 세계』에서 우라늄의 방사선 방출을 가속하여 만들어지는 병기에 대해 묘사했다. 소설 속 핵무기는 며칠에 걸쳐 계속 폭발하는 수류탄으로 다양한 전장에서 쓰인다. 너무 강력한 무기 탓에 전쟁의 피해는 극심해지고 인류 문명은 파멸의 위기에 직면한다. 그제야 제

정신을 차린 주요국 지도자들은 우여곡절 끝에 국가라는 틀을 뛰어넘은 세계 정부를 결성하고 결국 인류는 평화를 맞이한다.

웰스의 문학적 상상력은 어느 물리학자보다도 앞서 핵에너지의 병기 활용을 예상했을 뿐 아니라 물리학자 실라르드에게 핵무기 개발에 대한 직접적인 영감까지 주었다.

예술이 현실세계를 모방하는 것이 아니라 오히려 현실세계가 예술을 모방한다. 이렇게 말한 이는 19세기 말의 유미주의 예술가 오스카 와일드다. 우리의 현실세계는 무참히 무너진 예술의 모방일 때가 종종 있다. 그런 현실은 현대인의 도덕적 성숙이 지적 성숙을 따라가지 못한 결과이자, 사회적 지성이 기술적 지성보다 훨씬 뒤처졌다는 사실의 증거가 아닐까.

웰스가 소설에서 예상한 핵무기는 약 30년 후 훨씬 무서운, 절로 눈을 가릴 만한 끔찍한 형태로 실현되었다. 하지만 웰스가 핵무기의 결과로 예상한 합리적이고 도덕적인 세계 정부와 평화는 100년 가까이 지난 지금까지 조짐조차 보이

지 않는다. 핵무기는 계속 확산되고 있으며 세계 각지의 국민국가에는 다시금 배외적인 분위기가 감돌고 있다. 마치 여러 부족들이 서로 칼을 겨누던 계몽 이전의 중세를 향해서 세계가 추락하는 것 같기도 하다. 수천 발의 핵탄두를 보유한 미국 대통령이 원류의 땅 체코 프라하에서 핵 폐기를 촉구하는 감동적인 연설을 했던 게 대체 언제였던가. 지금 돌이켜보면 그저 꿈속에서 있었던 일 같다.

우라늄 방사선 발견이라는 원류에서 120년, 우리는 최종 결과를 아직 보지 못했다. 인류가 원자핵 에너지를 지배할지, 아니면 지배당할지, 큰 강이 다다를 넓은 바다는 보이지 않는다.

무한 분기 우주)

세상을 떠난 화가 롭 곤살베스에게 바친다

이 세계는 전부 원자로 구성되어 있는데, 원자의 세계에
서는 우리 주위 세계와 다르게 '양자역학'이라는 물리법칙
이 성립한다. 물리학과 별로 친하지 않은 독자 여러분들도
들어본 적은 있을 듯싶다. 우리가 곁에 두고 쓰는 전자제품
과 LED전등, 각종 신소재부터 원자력 발전까지 전부 양자
역학에 기초하여 작동하기에 양자역학이 옳다는 사실은
의심할 여지가 없다.

다만 자세히 살펴보면 양자역학에는 우리의 직감을 거
스르는 기묘한 특징이 많다. 그중 대표적인 것이 '슈뢰딩거

의 고양이'로 널리 알려진 '중첩 상태'다. 양자역학을 따르는 입자는 동시에 여러 상반된 성질을 띨 수 있고 입자가 관찰된 순간에 그중 한 가지 상태로 확정된다. 어떤 상태로 확정될지는 확률적, 즉 그때그때 운에 따라 달라진다.

고양이와 함께 닫힌 상자 안에 있는 방사성 원소가 붕괴한다고 생각해보자. 붕괴하면서 방출되는 방사선이 우측으로 나아가 상자의 벽에 부딪칠지, 아니면 좌측으로 나아가 고양이를 죽일지는 확정할 수 없으며, 그렇기에 고양이는 살아 있으면서 죽어 있는 '중첩 상태'에 있다. 누군가 상자를 열어서 확인할 때 비로소 고양이의 생사가 무작위로 확정되는 것이다.

원자와 전자 같은 미시적 입자가 중첩 상태에 있음을 보여주는 실험은 수없이 많지만, 직감과 상식의 논리를 거스르는 기묘한 이야기인 것도 사실이다. 불확정하던 입자의 방향이 관찰한 순간 얼렁뚱땅 결정된다니, 이치를 비웃는 듯한 이 원리에 따라 정말로 세상이 진행될까. 이 세계란 조물주가 짓궂은 의도로 창조한 장난 같은 곳일까.

원자

양자역학이 완성되어 그 응용이 세계를 바꾸기 시작한 1920년대부터, 슈뢰딩거의 고양이처럼 비상식적으로 보이는 측면에 대해 양자역학의 창시자들 사이에서도 논쟁이 벌어졌다. 알베르트 아인슈타인은 양자역학이 당장은 성공했을지라도 임시 이론에 불과하며, 언젠가 통상적인 인간의 상식과 논리에 부합하는 '미시 세계의 진정한 역학'이 양자역학을 대체하리라고 생각했다. 아인슈타인의 표현을 빌리면 "신은 주사위 놀이를 하지 않는다"는 것이다. 그에 대해 "신에게 이래라저래라 참견하지 말라"고 답했던 닐스 보어는 양자역학이 우리의 상식과 논리에 반한다고 해도 원자 세계를 완벽하게 설명하는 이상 사실로 받아들일 수밖에 없다고 생각했다.

시간이 흘러 1957년, 여전히 아인슈타인이 바랐던 '진정한 이론'은 나타나지 않은 채 양자역학의 응용이 세계를 가득 채운 무렵에 프린스턴대학교의 대학원생 휴 에버렛 3세 Hugh Everett III가 미국 학술지에 논문을 발표했다. 그 논문에는 우리의 기본적인 논리와 직감을 유지하면서 양자역학을 재해석하려는 시도가 담겨 있었다.

하나의 세계에서는 어떤 현상과 그것에 반하는 현상이 동시에 일어나지 않는다. 이렇게 지극히 당연한 가정에서 출발해보면, 두 가지 상반된 현상은 서로 다른 두 세계에서 일어난다고 생각하는 것이 자연스럽다. 한편 두 가지 가능성을 내포한 상태란 하나의 세계에 있을 것이다. 중첩 상태에 놓인 두 가지 가능성이 있는 하나의 세계는 관찰된 순간 두 갈래로 나뉘고 우리는 그중 한 세계로 던져진다. 우리의 세계와 다르지만 똑 닮은 세계에는 다른 우리가 있고, 그곳에서는 우리의 세계와 상반된 현상이 관찰된다. 논리학과 양자역학이 양립하기 위해서는 관찰할 때마다 세계가 분기되어 수많은 평행세계가 만들어진다고 생각할 수밖에 없다. 이것이 에버렛이 떠올린 '양자역학의 다세계 해석'의 핵심이다.

중첩 상태의 가능성이 매번 두 개는 아닐 것이고, 특정한 사람만 관찰을 할 리도 없다. 그러니 세계가 맞닥뜨리는 무수한 순간순간마다 수없이 많은 세계와 연결된 분기가 있는 셈이다. 세계 전체는 모든 물질, 모든 생명, 모든 원소가 내포한 모든 가능성이 실현된 헤아릴 수 없이 많은 평행세계들로 이루어져 있으며, 그 세계들은 시간이 진행될수록 분기하고 증식한다는 말이다.

관찰의 결과가 수많은 평행세계로 연결되는 분기를 만들어낸다고 생각하면, 양자역학에 확률이 등장하는 이유도 자연스럽게 이해할 수 있다. 어떤 현상의 확률이란 평행세계 중에서 그 현상이 일어난 세계의 비율이라고 여기면 되기 때문이다. 또한 기존 양자역학 해석에서 빠뜨릴 수 없었던 '관찰자'의 특별한 역할도, 에버렛의 새로운 해석에는 필요 없다. 관찰자도 포함한 전 우주의 양자 상태가 자연스럽게 전개되는 것이라고, 세계의 진행을 객관적으로 서술할 수 있기 때문이다.

중첩 상태의 모순을 피하려고 에버렛이 고안해낸 무한히 갈라지며 증식하는 다세계를 머릿속으로 그려보겠다면, 끝없이 나뉘면서 늘어나는 오솔길을 떠올려보길 바란다. 오솔길은 이윽고 한 동네를 차지할 것이고, 나아가 도시 전체, 나라, 대륙과 바다까지 뒤덮을 것이다. 갈라지며 증식하는 오솔길이 세계 자체와 한 몸이 되는 것이다.

에버렛은 아득할 정도의 다세계 분기라는 시적인 발상이 있으면 비로소 양자역학에 대해 이치에 맞는 직감적인 해석이 가능할 것이라고 확신했다. 하지만 논문을 발표하자 에버렛에게 돌아온 반응은 무시와 냉소였다. 에버렛이 학회와 연구회에서 강연을 마쳐도 청중은 오직 침묵할 뿐이었고, 모임 뒤에 그에게 말을 거는 사람도 전혀 없었다. 프린스턴대학교의 동료들마저 논문 공개 후에는 서먹하게 대하는 것 같았다.

당시 에버렛의 강연을 들었던 코펜하겐의 한 물리학자는 일기에 다음과 같은 글을 남겼다. "강연자는 말할 수 없을 정도로 어리석었고, 양자역학의 기초조차 이해하지 못한 듯했다."

깊은 상처를 입은 에버렛은 오랫동안 꿈꿨던 물리학자의 길을 일찌감치 단념하고 박사 학위를 취득하자마자 군수업계로 옮겨갔다. 그곳에서 수학적 재능을 살려 경력을 쌓은 에버렛은 결혼하여 아이를 낳고 중요한 자리에 오르며 부귀한 인생을 보냈다.

SERIES XIV.

Engravings of Instantaneous Photographs of the Splash of a Drop of Water falling 40 cm. into Milk.

Scale about $\frac{9}{10}$ of actual size.

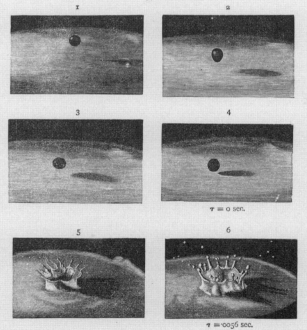

$\tau = 0$ sec.

$\tau = .0056$ sec.

에버렛의 이론이 널리 알려진 것은 그가 학계를 떠나고 10년 정도 지난 무렵이었다. 미국의 소립자물리학자 브라이스 디윗이 다세계 해석에 관한 생각을 정리해 해설 논문을 발표한 것이다. 다세계 해석에 대한 평가는 점점 높아져서 스티븐 호킹과 데이비드 도이치 등 저명한 이론가들도 지지를 표명했다. 그리하여 다세계 이론은 오늘날 양자역학의 표준적 해석 중 하나로 인정받고 있다.

양자역학의 다세계 해석은 SF적이며 기발하기 때문인지 물리학을 넘어서 철학과 문학에도 종종 등장하고 있다. 문학의 세계와 다세계 해석의 관계 중 특히 눈여겨볼 만한 것은 에버렛의 논문보다 약 15년 앞선 1944년에 출간된 아르헨티나 작가 호르헤 루이스 보르헤스의 단편집 『픽션들 *Ficciones*』✦이다. 그중 「두 갈래로 갈라지는 오솔길들의 정원」이라는 탐정소설처럼 쓰인 이야기가 있는데, 제목이 알려주는 대로 끊임없이 갈라져서 늘어나는 오솔길이 등장한다.

✦ 송병선 옮김, 민음사 2011.

나는 영국산 나무들 아래를 걸으면서 그 사라진
미로에 대해 곰곰이 생각했다. 나는 그것을 아무도
모르는 어느 산의 정상에 있어서 그 누구도 침범하
지 못한 완벽한 것으로 상상했다. 또한 논에 의해,
혹은 논물 밑에 가라앉아 윤곽이 흐려져버린 것으
로 상상했다. 그리고 나는 그것을 팔각정이나 원래
있던 자리로 돌아오게 되는 오솔길이 아니라, 강이

나 주州 혹은 왕국으로 이루어진 무한한 것이라고
그렸다…. 나는 미로들 중의 미로, 과거와 미래를
포함하며 어쨌거나 행성들까지 수반하는 구불거리
고 갈수록 커져가는 미로를 상상했다.

—호르헤 루이스 보르헤스
「두 갈래로 갈라지는 오솔길들의 정원」 중에서

여기서 엿보이는 에버렛 같은 세계관의 각인을 어떻게 생
각하면 좋을까. 문학청년이었던 에버렛이 이 소설을 읽었을
까. 누군가에게 전해 듣고 영향을 받았던 걸까. 수많은 평행
세계 중 어딘가에서는 아르헨티나의 이론물리학자 보르헤
스가 생각한 다세계 해석을 프린스턴의 작가 에버렛이 소
설로 써냈을까. 환상시인의 상상력과 과학자의 발견 사이
에 일어난 교감을 보면, 무한한 평행세계 중 어디라 해도
에버렛이 했던 것과 같은 양자역학의 다세계 해석이 필연
적으로 나타났을 것이라는 생각이 든다.

수리사회

메트로폴리스의 의자에 앉은 권력.

방사로를 중심으로 하는 백색 공포의 쿠·데·타

(헬멧을 쓴 병사의 얼굴·이중 현상·해골 위의 헬멧)

지배와 노예의 양식. (…)

12인의 집정관에 의한 노동제·공찬共餐의

탁자에 앉는 13인째는 아나키스트다.

○ **요시다 잇스이 「지하철이 있는 도시」**

확률이라는 개념은 인간에게 매우 기본적인 것이다. 사람은 가슴속에 희망을 품고 확률의 신전을 방문하여 드물게 확신을, 대부분 상심을 얻고 그곳을 떠난다. 이 세상에는 불확정하고 예측 불가능한 사태가 가득하기에 인간은 생존하기 위해 반드시 진화 과정에서 확률 개념을 손에 넣어야 했을 것이다.

확률 개념의 중심에 있는 것은 '되는대로' 혹은 '무작위성randomness'이다. 내일은 맑을지도 몰라, 비가 내릴지도 몰라. 우리는 이처럼 그 어떤 것도 확실히 말할 수 없다. 인간은 무작위하게 일어나는 불확정한 현상과 마주하여 치밀하게 고민해서 대응하기보다 외려 무작위하게 마음 가는 대로 자유로이 대응했을 때 더 좋은 결과를 얻기도 한다.

'가위바위보'를 생각해보자. 게임이론에 따르면 가위바위보에서 최고의 전략은 가위, 바위, 보를 균등하게 섞어서 무작위로 내는 것이다. 사실 게임이론 따위 몰라도 누구나 경험적으로 알고 있는 전략이다. 무언가 전략을 세워서 패를 낸들 머지않아 패턴이 읽혀서 패배하기 때문이다.

수년 전 중국 저장대학교의 왕 즈지엔을 비롯한 물리학자들은 수많은 사람이 무수하게 한 가위바위보의 빅데이터를 분석해봤다. 그 결과에 따르면 인간은 완벽하게 무작위한 가위바위보를 하지 않는다고 한다. 처음에 주먹을 내는 경우가 수 퍼센트 많으며, 상대와 비겨서 한 번 더 할 때는 앞서 상대가 냈던 손을 이기는 것을 내는 경향이 있다. 특히 질 때 그런 경향이 두드러진다. 이런 분석 결과를 알면 그 패턴을 역으로 이용하여 통계적인 승리 전략을 세울 수 있다. 즉, 처음에는 보를 내는 게 이길 확률이 높고 혹시 비겨

도 그다음에 보를 이기려고 가위를 내는 상대에 맞서 주먹을 내면 된다. 거기에 적당히 무작위성을 섞으면 더욱 좋다. 실은 필자도 이 전략을 실행하고 있는데, 최근에는 가위바위보 승률이 50퍼센트가 넘는다는 것을 여기에서만 살짝 밝힌다. 여러분도 시도해보길 권한다.

그런데 이처럼 인간의 버릇을 노리는 이론적이고 통계적인 필승법이 널리 퍼져 일반화하면 어떻게 될까? 그때는 다시 역을 노려서 이기는 전략이 나올 것이고, 앞서 말한 방법으로는 필승하지 못할 것이다. 그런 식으로 계속해서 기존 전략을 깨는 새로운 필승법이 등장한다. 그러다 보면 이윽고 모두가 계산에 의존한 방식으로는 이길 수 없다는 것을 깨닫고, 결국 완전히 변덕스럽게, 정말로 무작위하게 손을 내도록 각별히 주의하면서 가위바위보를 할 것이다.

이렇게 생각해보니 인간의 변덕은 불확정한 상황과 마주하여 최적의 대책을 찾다가 생겨난 것이 아닐까 하는 어렴풋한 추측까지 든다. 즉, 세상에 운명이라는 것이 없기 때문에 비로소 인간이 제멋대로 행동할 수 있다는 말이다.

변덕, 제멋대로. 이런 말들이 인간의 자유라는 개념에 기초를 이룬다. 올바른 도리를 따르는 것이 진정한 자유라는 설교를 종종 듣지만, 그런 말은 궤변일 것이다. 도리든 타인의 권위든 무언가에 무조건적으로 따르는 것은 예속을 뜻한다. 제멋대로 변덕스럽게 행동하는 것은 자유의 일부다. 후쿠자와 유키치가 프랑스어 'liberté'의 역어로 '자유'를 떠올렸을 때, 또 다른 유력한 후보는 '천하어면天下御免'✦이었다. 이 세계의 불확실성은 인간의 자유를 낳은 일종의 계기가 틀림없다.

✦ ✦ ✦

확률 개념은 우리 마음에 깊이 뿌리 내리고 있으며, 확률적 판단은 본능 중 일부라 할 수 있다. 강수 확률 80퍼센트라는 예보를 듣고 우산을 갖고 나간다는 판단을 하는 데 슈퍼컴퓨터의 도움은 필요 없으며, 냉랭한 짝사랑 상대에게 고백할지 말지 고민할 때 통계학자의 상담을 받을 필요도 없다. 일상생활에서 개개인은 거의 실수하지 않고 순간순간 결단을 내린다. 그런데 정말로 그럴까?

다음 문제를 생각해보자. 한 도시의 금요일 밤 음주운전율이 1000분의 1이라고 하자. 다시 말해 운전자 1000명 중 1명이 술에 취한 것이다. (혹시나 해서 강조하지만, 이 문제의 숫자는 모두 임의로 붙인 것이다.) 경찰이 단속에 쓰는 음주감지기의 정확도는 99퍼센트다. 뒤집어 말하면 1퍼센트는 감지기가 틀린 것이다. 어느 금요일, 경찰관이 밤거리에 나가서 무작위로 차를 세워 단속을 했더니 삐삐 하며 음주를 뜻하는 경보가 울렸다. 운전자에게는 경찰서에 출석하라는 통보가 갔다. 이 상황에서 운전자가 정말로 음주운전을 했을 확률은 얼마일까?

① 90퍼센트 이상 ② 10~90퍼센트 ③ 10퍼센트 이하, 이렇게 세 가지 보기 중 무엇을 고르겠는가.

실제로 이 문제를 내보면 정답률은 예상보다 훨씬 낮다. 필자가 강의실에서 문제를 내보면 60퍼센트 가까이가 ①, 10퍼센트 정도는 ②를 고른다. 그리고 나머지 약 30퍼센트가 정답인 ③을 맞힌다.

어? 감지기가 99퍼센트 정확하니 경보가 울린 운전자 중

99퍼센트는 취한 거 아닌가? 이런 의문을 품을 듯싶다.

운전자 1000명을 음주감지기로 검사한다고 가정해보자. 1000명 중 술에 취한 사람은 통계적으로 1명이다. 그 사람에게 감지기를 대면 거의 확실히 경보가 울린다. 한편 취하지 않은 999명에게 감지기를 대면 오작동 때문에 경보가 울리는 사람이 10명 정도(999×0.01) 된다. 전체적으로 보면 경보가 울린 11명 중 정말로 취한 건 1명이다. 즉, 경보가 울린 사람이 음주 운전을 했을 확률은 11분의 1로 약 9.1퍼센트이며, 정답은 ③이다.

이 문제는 드문 현상일수록 그에 걸맞은 정확도로 측정해야 하며, 그러지 않으면 잘못 측정한 가짜 현상만 모을 뿐이라는 교훈을 준다. 만약 앞선 문제가 현실이라면, 수많은 운전자의 민원 때문에 경찰은 단속을 중지할 테고 술에 취한 운전자는 밤거리를 자유롭게 달릴 것이다.

역사서를 펼쳐보면, 과격한 반정부 운동에 골머리를 앓던 정부가 테러 용의자를 정확도 낮게 조사한 결과, 죄 없이 체포된 이들이 교도소에 넘쳐나서 결국 정부에 대한 지지도가 떨어진 사례를 많이 찾을 수 있다. 확률을 올바르게 다루는 것은 사회정의에도 중요한 셈이다.

앞선 문제는 확률과 관련하여 인간이 종종 저지르는 착각 중 하나를 보여주는데, 전문 용어로는 '기저율의 오류 base rate fallacy'라고 한다. 두 가지 확률을 조합해 올바른 확률을 판단해야 하는 상황에서 그 과정이 복잡하면 인간은 판단을 멈춰버리는 버릇이 있다고 한다. 그러고는 그럴듯해 보이는 숫자를 답으로 삼는다. 판단할 수 없는 상황이라도 일단 행동해야 한다고 오랫동안 훈련을 받아온, 인간 심리의 진화적 발전 끝에 다다른 결과인 것일까.

또한 드문 위험에 지나친 비중을 두고 판단하는 경향도 더해지는 듯하다. 위험성을 피하기 위해 과한 안전 대책을 세워 살아남는 것도 인간 심리가 진화적으로 적응한 결과인 듯하다.

복합적인 확률과 관련한 인간의 심리적 착각은 그 외에도 여러 종류가 있으며, 세상에 있는 사기 중 다수가 이런 착각을 이용한 것이다.

거짓말에는 세 종류가 있다. 거짓말, 터무니없는 거짓말, 그리고 통계다.

—벤저민 디즈레일리

유용한 개념인 확률에 생각지 못한 함정이 숨어 있는 것이다. 그렇지만 우리는 오늘도 확률을, 위험성과 이득을, 순식간에 판단하며 살아가야 한다.

금요일 늦은 저녁, 당신은 서둘러서 안락한 집으로 돌아가고 있다. 저녁노을의 붉은 빛이 가득한 해변 도로는 텅텅 비어 있다. 속도계는 아슬아슬하게 제한 속도를 가리키고 있다. 경찰차는 눈에 띄지 않는다. 당신은 자유다. 바닷바람에 도취된 당신은 액셀을 밟는다. 그 순간, 백미러로 선명한 붉은 빛이 보인다. 그 빛은 저무는 태양빛이 반사된 것일까, 아니면 경찰차의 경고등일까.

페이지랭크
—다수결과 여론

　인간은 사회적 동물이기에 살아가면서 끊임없이 사회 내에서 자신의 평판을 신경 쓸 수밖에 없다. 집단 내에서 개개인이 하는 발언의 무게는 그 사람의 평판에 따라 결정되곤 한다. '사회적 지위' 같은 거창한 이야기를 하지 않아도, 작은 무리 안에서 평판에 기초해 잡은 자신의 위치가 매일 즐겁게 살아가는 데 가장 중요한 요인이 되기도 한다.

　여기서 궁금한 점, 세간의 평판이란 어떻게 결정되는 것일까? 유능하다든지 친절하다든지, 아니면 사람의 마음을 잘 움직인다든지 하는 타인의 평가는 개개인의 좋은 성품에 기초하여 이뤄지는 것이다. 그런데 그렇게 단순히 평가할 수 없는 경우도 있다. 왜 저 사람은 유능한데 인망은 별로 얻지 못할까? 왜 딱히 뛰어난 점도 없는 저 사람의 의견을 다들 중시할까? 여러분도 비슷한 의문을 품어본 적이 있을 것이다.

사람의 평판을 눈에 보이게 드러내는 가장 간편한 수단은 투표다. 복잡한 건 제쳐두고 일단 한 사람마다 한 표씩 '뛰어난 사람'에게 투표한다고 하고, 각자의 평가를 집계해보면 어떨까.

가령 여섯 명으로 이뤄진 사회가 있다고 해보자. 각자가 긍정적으로 평가하는 타인을 화살표로 나타내면 다음 그림과 비슷할 것이다.

한 사람마다 한 표라고 했으니, 두 사람을 긍정적으로 평가한 C, D, E에게서 나온 화살표는 각각 0.5표라고 조정해야

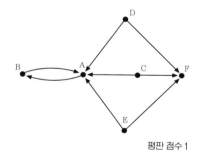

평판 점수 1

할 것이다. 한편 F처럼 화살표를 전혀 보내지 않은 기권자도 있다. 각자가 받은 화살표에 조정치를 적용하여 합한 것을 '평판 점수'라고 하면, A는 2.5점, B는 1점, C와 D와 E는 0점, F는 1.5점을 얻었다. 평판 점수로 인망의 순위를 매기면 이 작은 사회에서 가장 중요한 건 A의 의견이고, 그다음은 F의 의견이다. 이 사회의 대표와 부대표를 고른다면, A와 F가 맡는 것이 민주적이며 그 결과 사회도 평온해질 듯싶다.

그런데 정말로 그럴까? 이런 의문을 품은 두 젊은 과학자가 있었다. 스탠퍼드대학교에서 박사 과정을 밟던 대학원생 래리 페이지Larry Page와 세르게이 브린Sergey Brin이다. 그들은 다음과 같은 가정을 하고 관찰했다. 실제 사회에서는 '평판이 높은 사람'의 의견이 모든 일에서 중시되며, 그 영향은 구성원의 평판이 정해지는 과정에도 미칠 것이다.

앞선 그림을 다시 살펴보자. 각 구성원을 평등하게 두고 계산한 평판 점수 자체를 가중치로 반영할 수 있다. 예를 들어 평판 점수 2.5점인 A가 하는 평가는 2.5점, 평판 점수 1점인 B가 하는 평가는 1점, 평판 점수 0점인 C, D,

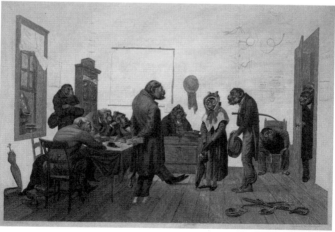

E는 A와 F를 좋게 평가한다고 해도 0÷2=0점으로 하는 것이다. 이렇게 각 구성원의 점수를 보정해보면 평판 점수가 새롭게 다시 계산되어, 이번에는 A가 1점, B는 2.5점, C, D, E, F는 0점이 된다.

단, 현실 세계에서 인간의 명성과 인망은 보통 타인의 평가에 의해서만 결정되지는 않는다. 사회가 위기에 빠졌을 때, 단결해서 위기와 맞서든 서로 대립하여 칼날을 겨누든, 개개인은 모두 똑같이 한 자루의 칼을 쥐기 때문이다. 아마도 현실 세계에서 사람의 평판은 개개인을 평등하게 두고 계산했을 때와 가중치를 두고 계산했을 때 사이의 어딘가에 있을 것이다. 가령 앞선 사례에서 두 가지가 1 대 4 비율로 섞여 있다면, 새로운 평판 점수는 A가 1점, B가 2.2점, C와 D와 E는 0.2이며, F도 0.2점을 얻게 된다.

조금 생각해보면, 지금 한 계산으로도 아직 완전하지 않다는 걸 깨달을 수 있다. 각자가 내리는 평가에 가중치를 주기 위해 쓰는 평판 점수는 가장 마지막으로 계산한 수치여야 하기 때문이다.

개개인이 받은 화살표만큼 보정한 점수와 모두 평등하게

계산한 제일 처음의
점수를 조합하면
새로운 평판 점수를
이끌어낼 수 있다.
그리고 새로운 점수
는 다시 보정에 적
용할 수 있다. 그런

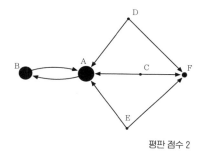

평판 점수 2

식으로 계산 결과가 수렴할 때까지 반복하면 어떻게 될까. 그 결과 A, B, C, D, E, F의 점수는 8.3 : 7.6 : 1 : 1 : 1 : 2.2라는 비율을 이룬다. 이것이 이치에 맞는 최종적인 평판 점수다. 대략 8 : 8 : 1 : 1 : 1 : 2라는 최종 비율은 처음에 단순 다수결로 계산한 비율 5 : 2 : 0 : 0 : 0 : 3과 비교하여 '좋은 평판이 더 좋은 평판을 부른다.'라는 여론의 집적 효과를 뚜렷하게 보여준다.

최종 점수는 얼핏 이상한 듯하지만, 자세히 들여다보면 의외로 현실 사회에서 보이는 발언권의 분포를 잘 나타내고 있다. 여러분 주위에도 B처럼 '잿빛 추기경éminence grise'이라 할 만한 숨은 실세가 있지 않은가. B는 A와 손잡고 강력한 주류파가 되어 생각보다 많은 표를 모은 F를 무력한 비주류파의 자리로 몰아낸다. 민주주의 사회에서는 단순 다수결 결과와 실제 발언권이 달라 끊임없이 긴장이 발생하는데, 이 평판 점수는 그런 현실을 꽤 잘 표현한 것 같다. 누구나 어렴풋이 느끼고 있지만 좀처럼 콕 짚어 이야기하지 못했던 '사람들 사이의 관계성'을 처음 수학의 언어로 포착한 것 같지 않은가.

사실 래리 페이지와 세르게이 브린이 고안해낸 이 계산법은 사람이 아닌 웹페이지의 평판과 관련한 것이다. 앞서 살펴본 화살표는 어느 웹페이지에서 다른 웹페이지로 이어진 링크를 가리킨다. 세간의 평가와 모순되지 않을 때까지 가중치를 적용하여 계산해낸 웹페이지의 평판 점수 순위를 '페이지랭크PageRank'라고 한다. 페이지와 브린은 이 계산법을 설명한 논문을 썼고, 나아가 특허를 취득한 다음 그에 기초한 웹페이지 검색 엔진을 만들었다. 그것이 바로 '구글'이다.

구글 검색은 다수결에 기초한 다른 검색 엔진들보다 뛰

어나다는 평가를 얻었다. 좋은 평판이 더 좋은 평판을 불러서 구글은 순식간에 인터넷의 패권을 쥐었다. 전 세계 웹페이지의 검색 순위가 페이지랭크에 따라 결정되고 있으며, 오늘날 모든 사람이 인터넷에서 평판이 높은 웹페이지를 찾기 위해 구글 검색에 의존하고 있다. 이제 구글의 독점은 자유를 추구하는 사람들 사이에서 공포를 불러일으킬 정도가 되었다. 한 편의 논문에 담은 수학의 힘만으로 세계를 정복한 페이지와 브린의 손에는 오늘도 천문학적인 부가 흘러 들어가고 있다.

(부화뇌동의
사회학)

　프랑스어에 '파뉘르주의 양 떼Les moutons de Panurge'라는
표현이 있다. 줏대 없이 부화뇌동하는 것을 뜻하는 말인데,
지혜롭고 장난을 좋아하는 파뉘르주의 이야기에서 유래했
다고 한다.

　파뉘르주는 자신을 비웃은 상인에게 복수하고자 상인의
양 떼 중 우두머리를 돈을 주고 사서 곧장 바다로 던져버린
다. 그러자 나머지 양들까지 우두머리를 따라 모두 바다로
뛰어들어서 상인이 큰 손해를 입었다는 이야기다.

　인간이라면 누구나 마음속 깊은 곳에 부화뇌동하려는

습성이 굳건히 자리 잡고 있다. 파뉘르주가 아닌 우리는 외려 부화뇌동하려는 심리를 역이용하는 꾀바른 상인의 광고에 낚여 매일 조금씩 손해를 보는 소비자가 되기도 한다.

결정해야 하는 일이 있을 때 타인의 판단에 기대려는 경향과 그로 인한 사회적 영향에 대해서는 수리물리학적 사회학의 대가 던컨 와츠Duncan J. Watts의 유명한 연구를 살펴보길 추천한다.

「인공적 문화시장에서 일어나는 불평등과 예측 불가능성에 관한 실험적 연구」라는 논문이 2006년 미국의 잡지 『사이언스』에 실렸다.

와츠의 연구진은 인터넷에 음원 다운로드 사이트를 만들었다. 사이트 이용자는 1만 5000명까지 늘어났는데, 그들이 피험자가 되었다. 연구진은 모든 이용자들에게 18팀의 신인 뮤지션 그룹이 제작한 48곡을 들려주었다. 모든 노래는 시험 청취가 가능했고, 이용자들이 노래에 1점에서 5점까지 점수를 매기면 한 곡을 다운로드할 수 있도록 사이트를 설계했다.

이용자들은 자신들도 모르는 사이에 연구진에 의해 9개의 그룹으로 나뉘었다. 각 이용자들이 보는 화면에는 그가 속한 그룹이 매긴 곡의 평점이 집계되어 표시되었다. 즉, 이용자들은 그때껏 다른 이용자들이 어떻게 평가했는지 보면서 곡의 점수를 매긴 것이다. 그런데 제1그룹만은 예외로 다른 이용자의 평가를 보여주지 않았다. 제1그룹 이용자들은 오로지 자신의 귀와 감성만으로 곡을 평가한 것이다. 다른 8개의 그룹은 타인의 의견을 볼 수 있는 환경에서 평가가 쌓이게 했다. 어떻게 보면 8개의 평행세계인 셈이다.

Solom "Stjarna"	Miesiac "Gwiazda"	Maand "ster"
Heilalogregla "Kottur"	Apokalipsa piekla "Szpic"	Hond "kat"
Gdzie "Dziwny swiat"	Kwiat "Tulipany"	Meneselijke stoel "Lasica"

제1그룹에게 보인 웹사이트

Solom "Stjarna"	20	Miesiac "Gwiazda"	11	Maand "ster"	12
Heilalogregla "Kottur"	33	Apokalipsa piekla "Szpic"	7	Hond "kat"	17
Gdzie "Dziwny swiat"	14	Kwiat "Tulipany"	22	Meneselijke stoel "Lasica"	51

제2~9그룹에게 보인 웹사이트

실험 결과를 한마디로 정리하면, '부화뇌동의 심리가 초인기곡을 무작위로 만들어냈다.'라고 할 수 있다.

각 이용자가 독립적으로 판단한 제1그룹에서는 인기 있는 몇 곡, 전혀 인기 없는 몇 곡, 그 사이에 위치한 그저 그런 많은 곡, 이렇게 평가가 완만하게 분포했다. 그에 비해 타인의 평가가 보였던 다른 그룹들에서는 몇몇 곡이 매우 많은 인기를 얻었고, 그 인기는 나머지 곡 전부를 압도할 정도였다.

실험은 한 차례 더 이뤄졌다. 첫 번째 실험에서는 사이트 이용자들에게 무작위로 3열씩 나열한 곡 목록을 보여주었다. 두 번째 실험에서는 평점이 높은 것부터 한 줄로 죽 곡들을 나열

Slava zlozvyku "Hromadu jehel"	101
Casablanca "Kwiat"	88
Meneselijke stoel "Lasica"	51
Peklo "Schody do nieba"	48

두 번째 실험에서 보인
웹사이트

했다. 첫 번째 실험에서도 소수의 곡으로 인기가 몰렸는데, 두 번째 실험에서는 더욱 극단적으로 인기가 쏠렸다.

기술적으로 말해 곡들의 인기 분포를 지니 계수로 나타내면 첫 번째 실험에서는 0.4였고, 두 번째 실험에서는 0.5를 조금 웃돌았다. 두 실험에서 모두 타인의 평가를 보여주지 않았던 제1그룹의 지니 계수는 약 0.25였다.

참고로 지니 계수의 값은 불평등의 정도를 나타낸다. 가령 모든 곡이 똑같은 점수를 얻었다면 지니 계수는 0이고, 한 곡이 인기를 독점하면 지니 계수는 1이다.

재미있는 사실은 모든 그룹에 공통되는 인기곡이 있는 동시에 각 그룹에서만 큰 인기를 얻은 곡이 반드시 있었다

는 것이다. 모든 그룹에서 인기가 없는 곡도 있었다. 전 그룹에 공통된 인기곡과 인기 없는 곡은 타인의 평가를 보여주지 않은 제1그룹에서도 인기곡과 인기 없는 곡이었다. 아마 그런 곡은 누가 들어도 좋은 곡과 시시한 곡으로 꼽을 듯싶다. 그리고 각 그룹에서만 인기가 있는 곡들은 '인기가 있어서 인기가 모인다.'라고 하는, 부화뇌동하는 군집심리가 만들어낸 '내적가치에 기초하지 않은 인기곡'이라고 추측된다.

실험 초기에 우연히 특정 곡이 여러 차례 높은 평점을 받으면 눈덩이가 굴러가듯 평점이 높아져서 인기를 독점하는 곡으로 성장하는 것이다. 음악업계의 오래된 고민은 무슨 수단을 써도 흥행을 미리 예측할 수 없다는 것인데, 이 실험을 보면 그 이유를 납득할 수 있다.

음악을 비롯한 연예계, 그리고 언론계와 정치계도 포함하여 일종의 인기투표로 우열을 가리는 분야는 '소수의 천재'와 '대다수 범재'로 명확하게 나뉘기 십상인데, 명성, 수입, 권위도 그에 따라 분배되는 것이 관례다. 하지만 와츠 박사 연구진의 사회실험으로부터 판단해보면 천재와 범재로 나뉘는 것은 재능과 적성의 분포와 상관이 없으며, 그보다는 우리 인간이 지닌 부화뇌동의 심리에 의해 발생하는 사회적 구성물이라고 생각하는 편이 나을 듯하다.

성공은 재능과 운의 결과인 것이다.

어느 날 저녁 식사 자리에서 아내에게 이런 이야기를 했다.

"학자란 참 재밌는 사람들이야. 그런 건 누구나 아는 상식이잖아. 『네이처』랑 『사이언스』에는 요란한 실험으로 상식을 확인하는 논문들만 있는 거야?"

이런 대답이 돌아왔다.

"아니, 뭐, 누구나 아는 거긴 한데. 제대로 제어하고 재현할 수 있는 조건에서 과학적으로 하는 실험이랑 차 마시며 하는 수다는 좀 다르니까. 지니 계수 같은 걸 써서 정량적으로 나타낼 수 있으면 마케팅이나 여론 유도 같은 일에도 응용할 수 있을걸."

나는 일단 항변해보았지만, 예상대로 아내는 단언했다.

"그렇게 정밀하게 실험해서 수리사회학인지 사회물리학

인지, 암튼 과학적인 도구로 만들어내도 결국 영리기업의 마케팅에 쓰일 뿐이잖아. 그리고 또 뭐랬지? 케임브리지 애 널리티카였나? 미국 대통령 선거에서 여론 조작을 주도한 컨설팅 회사 같은 데가 쓸 테고. 물리학자랑 수학자가 타락 하는 방식도 가지가지 있네."

더 이상은 저녁 식사 자리에 어울리지 않을 게 자명했기 때문에 지난 주말 섬에 놀러 가서 보았던, 투명한 바다 위 를 나는 듯했던 배의 정경으로 서둘러 화제를 전환했다.

스스로 판단하기 어려운 일에 다수의 타인이 어떤 판단 을 했는지 참고하여 결정하는 습성은 오래전 선사 시대에 인류가 체득한 형질이지 않을까? 선사 시대에는 사냥감이 든 과실이 풍부한 숲이든 모든 정보가 부족하여 타인의 말 이 귀중한 판단 근거였을 것이다. 또한 집단 내에서 빠르게 의사를 통일하기 위한 메커니즘으로서 부화뇌동의 심리는 매우 효율적이다. 서로 경쟁하는 적대적 집단에 둘러싸였 던 원시부족 사회에서 부화뇌동은 조직을 지키기 위해 필 수적이었을지 모른다.

인간뿐 아니라 동물계 전체로 시야를 넓혀 보아도 다수의 타자가 내린 판단을 따르는 행동은 틀림없이 수많은 상황에서 종의 번영에 유리하게 작용했을 것이다. 벌은 8자 댄스로 방향을 알리는 동료를 따라서 순식간에 둥지의 모든 개체가 좋은 식량으로 몰려드는 습성이 있는데, 그것만 봐도 명백하다.

인터넷을 통해 모든 이들이 연결된 오늘날, 인간이라면 누구나 지니고 있는 부화뇌동의 심리가 폭주하여 크고 작은 부조리를 일으키는 장면을 우리는 매일같이 목격하고 있다. 그런 일은 식량 조달이 어려웠던 선사 시대에 익숙한 인체가 현대의 포식에 적응하지 못하는 탓에 비만이 만연해진 것과 맥락이 비슷한 현상이지 않을까.

부조리를 바로잡기 위해서는 우선 맥락을 정확하게 이해해야 한다. 수리적인 사회학의 메스가 정말로 가치 있는 것이라면, 사기업의 영리 추구를 돕는 것 외에도 쓰임새가 있을 것이다. 사람들이 선동과 여론 조작의 손쉬운 먹잇감이 되어 파뉘르주의 양 떼처럼 차례차례 물에 뛰어드는 걸 현명하게 설계한 사회제도로 막을 수 있을 것이다.

다시 한 번 우리 과학자들이 타락의 길에서 벗어나 기어오를 때가 도래할까. 그때야말로 모든 가정의 저녁 식사 자리에서 이런 화제를 평화롭게 이야기할 수 있지 않을까.

　실수는 누구든 저지른다. 하지만 이 세상에는 실수가 절대 용납되지 않는, 완벽에 가까운 정확도가 필요한 일도 많이 있다. 도로의 신호등이 고장 나서 파란불이 잘못 켜지는 일은 설령 100만 분의 1이라도 절대 있어서는 안 된다. 은행의 출입금 관리는 마지막 한 자리까지 항상 정확해야 한다. 내가 속한 교육계를 예로 들면 입시 성적 관리 등은 완벽에 가까워야 한다.

　완벽을 기하기 위해 주로 취하는 대책은 판단을 혼자 하지 않고 여럿이 함께 하는 것이다.

한 탐정 사무소에 위조지폐 감정을 해달라는 의뢰가 들어왔다고 가정해보자. 사무소에 있는 탐정, 비서, 인턴은 모두 위조지폐 감정에 능숙해서 90퍼센트는 올바르게 가려낸다. 세 사람이 서로 영향을 주고받지 않으면서 독자적으로 감정하고, 의견이 통일되지 않을 때는 다수결로 감정 결과를 정한다면 어떨까?

세 사람이 모두 바른 판단을 할 확률은 $0.9 \times 0.9 \times 0.9 = 0.729$다. 두 사람이 올바르고 한 사람이 틀릴 확률을 생각해보자. 우선 특정한 누군가가 틀리고 나머지 두 사람이 올바를 확률은 $0.1 \times 0.9 \times 0.9 = 0.081$이며, 탐정, 비서, 인

수리사회

턴에게 똑같이 틀릴 확률이 있기에 그 점을 고려하면 $3 \times$ $0.081 = 0.243$이다. 그러니 세 사람이 감정하여 두 사람 이상이 올바르게 판단할 확률은 $0.729 + 0.243 = 0.972$다.

결국 90퍼센트 정확도로 판단할 수 있는 세 사람이 다수결로 최종 판단을 하면, 그 정확도는 97퍼센트를 웃돈다는 것이다. 만약 각자의 정확도가 95퍼센트라면, 세 사람이 하는 판단의 정확도는 99퍼센트를 넘는다.

일본에는 '세 사람이 모이면 문수보살의 지혜도 나온다.✦'라는 속담이 있는데, 이 속담을 말한 오래전 사람들도 당연히 혼자보다 여럿이 낫다는 사실을 깨달았던 것이리라. 판단하는 사람 수를 세 명이 아니라 다섯 명, 일곱 명으로 늘리면 그만큼 정확도는 더 높아진다.

인터넷에서 데이터를 주고받을 때는 똑같은 데이터를 여러 개 보내서 부분 부분 다수결로 최종 데이터를 확정하는 '오류 보정 알고리즘'이 반드시 함께 이뤄진다. 실제로 오류를 보정하지 않으면 통신에 섞여드는 잡음 때문에 인터넷 쇼핑도 안심하고 할 수 없다.

이쯤에서 여러분께 퀴즈를 하나 내겠다. 일단은 직감에

✦ 문수보살은 최고의 지혜를 상징하며, 이 속담은 평범한 사람들도 모여서 상의하면 생각지 못한 지혜가 나온다는 뜻이다.

따라 답해보고, 확률 계산이 익숙하다면 직접 연필을 움직여서 풀어봐도 좋겠다.

탐정 사무소에 위조지폐 감정 의뢰가 들어와 세 사람이 다수결로 판단을 한 상황까지는 같다. 탐정과 비서는 앞선 예처럼 90퍼센트 확률로 위조지폐를 간파하지만, 인턴은 감정 능력이 좀 떨어져서 60퍼센트 확률로 올바르게 감정한다. 이 경우 90퍼센트 정확한 탐정이나 비서에게 감정을 전부 맡기는 것과 세 사람이 다수결로 감정하는 것 중 어느 쪽이 더 정확할까?

급작스러운 퀴즈에 답하기 전에 단서를 드리겠다.

감정 능력이 떨어지는 인턴을 무작위로 버튼을 눌러서 위조지폐 여부를 답하는 원숭이로 바꿔보자. 주사위를 굴려서 나온 숫자에 따라 답한다고 가정해도 무방하다. 지폐를 보지도 않을 원숭이의 답은 맞을 수도 있고 맞지 않을 수도 있다. 즉, 정답률은 50퍼센트다. 90퍼센트 정확한 탐정과 비서에 50퍼센트 정답률의 원숭이가 가세하여 다수결을 하면 올바른 감정을 할 확률이 높아질까, 아니면 낮아질까.

비서와 탐정이 서
로 다르게 감정하면,
무작위로 나오는 원
숭이의 답에 따라 한
명의 판단이 다수결
에서 이기고 최종 감

정 결과가 된다. 곰곰이 생각해보면 이 과정에서 원숭이는
아무런 역할도 하지 않는다. 어쨌든 바르게 감정한 사람은
정답률 90퍼센트의 탐정 또는 비서인 것이다. 즉, 정답률
50퍼센트의 원숭이가 다수결에 참여하면 판단의 정확도는
올라가지도 내려가지도 않는다.

이제 앞선 퀴즈의 답이 분명해졌을 것이다. 단서에서는
정답률 50퍼센트의 원숭이로 생각해봤지만, 퀴즈에서는 정
답률 60퍼센트의 인턴이라고 했다. 정답률이 더 높은 인턴
이 원숭이를 대신하면 상황은 더욱 나아질 것이다. 즉, 정
답률 90퍼센트의 탐정 또는 비서가 혼자 감정할 때보다 탐
정과 비서에 정답률 60퍼센트의 인턴이 합세하여 다수결로
감정할 때가 더욱 정확하게 판단할 수 있다.

분명한 수치를 확인하고 싶은 독자를 위해 계산해보면, 세 사람이 모두 올바르게 감정할 확률은 $0.9 \times 0.9 \times 0.6 = 0.486$이다. 두 사람이 올바르고 한 사람이 틀리는 경우는 세 가지가 있는데, 각 경우의 확률은 $0.9 \times 0.9 \times 0.4 = 0.324$, $0.9 \times 0.1 \times 0.6 = 0.054$, $0.1 \times 0.9 \times 0.6 = 0.054$다. 그러니 다수결로 올바른 감정을 할 확률은 $0.486 + 0.324 + (2 \times 0.054) = 0.918$로 92퍼센트에 약간 미치지 않는다.

아무리 능력이 모자란 사람 같아도 무작위로 답을 내는 주사위보다 낫다면 동료로 받아들여 함께 일하는 게 유리하다는 결론인 것이다.

필자는 이와 같은 퀴즈를 얼마 전 온라인에서 불특정 다수 약 250명을 대상으로 내보았다. 계산하지 않아도 되니 직감적으로 답해달라는 주의 사항도 함께 적어서. 결과는 거의 반반이었는데, '판단력이 조금 떨어지는 사람도 함께 다수결을 하는 게 낫다.'라고 정답을 답한 사람이 51퍼센트, '판단력이 떨어지는 사람은 배제하고 하는 게 유리하다.'라고 느낀 사람이 49퍼센트였다.

이 결과만 보면 사람들은 다수가 합의한 결과를 지나치

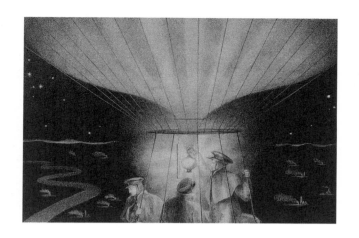

게 가벼이 여기는 듯하며, 동시에 상대적으로 능력이 낮은 사람에 대한 관용이 지나치게 부족해 보인다. 이것이 온라인에서 드러나는 사람들의 특징인지, 아니면 시대를 반영하는 현대인 전체의 경향인지, 그것도 아니면 오래전부터 이어진 인간의 천성인지, 필자는 알지 못한다.

'세 사람이 모이면 어떤 지혜든 나온다.'

모르는 것이 많지만, 어쨌든 이 고마운 속담을 지금 다시 곱씹어보면 어떨까.

다수의 의견이란 어떤 과정을 거쳐 만들어질까. 이 질문은 누구에게나 중요한 관심사일 것이다. 실제로 일상생활을 돌이켜보면, 우리 삶의 많은 시간이 직장과 가정에서 여러 사람의 의견을 어떻게 모을까 하는 문제를 푸는 데 허비되고 있다.

사회에서 다수 의견이 형성되는 과정에 무언가 수학적인 법칙은 없을까. 인간은 개개인이 자유의지를 지니고 예측불가능한 결단을 내리기도 하지만, 많은 사람들이 모이면 마치 원자들이 모여서 물, 소금, 금속을 이루는 것처럼 무언가 간단한 법칙이 나타나지 않을까. 이렇게 생각하며 '여론 역학opinion dynamics'이라는 개념을 고안해낸 사람은 프랑스 파리의 이공과대학교, 에콜 폴리테크니크의 이론물리학자 세르주 갈람Serge Galam 박사다.

여론 역학은 주위에서 일상적으로 이뤄지는 민주주의적 다수결 선거를 냉정하게 관찰하는 것에서 시작되었다.

보통 다수결은 '세 사람이 모이면 어떤 지혜든 나온다.'라는 원리에 기초해 수학적으로 정당화된다. 50퍼센트 이상 확률로 정확히 판단하는 사람들이 모여서 각자 독립적으로 의견을 지니고 부정 없이 다수결을 하면, 사람이 많을수록 한없이 100퍼센트에 가까운 정확한 판단을 할 수 있다는 것이다. 이 원리를 발견한 이는 18세기 프랑스의 철학자·정치가·수학자 콩도르세Condorcet 후작인데, 인터넷을 이용해 직접민주주의를 실현하자는 주장이 대두되는 오늘날도 사정은 당시와 다르지 않다.

그런데 민주적 선거의 실제 양상은 이론적 전제와 동떨어질 때가 종종 있다. 무언가 의제가 떠올랐다고 해보자.

그 의제에 대해서 문외한일 우리 대부분은 고민해도 좋은 판단을 내리지 못한다. 또한 우리는 타인의 의견에 쉽게 휩쓸리곤 한다. 그래서 수많은 사람에게 의견을 물어봐도 죄다 누군가의 의견을 그대로 흉내 내어 답한다. 결과적으로 자신의 정견이 확실한 소수의 판단이 순식간에 다수에게 퍼져 나간다.

세르주 갈람은 민주주의의 고전적 이념이 아니라 실제 양상을 본뜬 수리적 모델을 세워서 다수결이 현실에서 어떻게 이뤄지는지 이해하려고 했다.

갈람의 이론에서는 찬성과 반대 의견을 지닌 수많은 개개인이 모여서 다수결에 참여하는 상황을 상정하는데, 그때 모든 사람들은 두 가지 타입 중 한쪽에 속한다. 자기의 의견이 확고해서 항상 찬성 또는 반대 의견을 유지하는 '고정표 타입', 그리고 끊임없이 타인의 의견을 참고·감안하여 찬성 또는 반대를 정하는 '유동표 타입'이다.

갈람의 상정에 따르면 유동표 타입인 사람은 최종적인 판단을 내리기까지 자신의 의견을 여러 번 바꾸지만, 그때마다 몇몇 사람의 의견만 참고한다. 우리 자신도 무언가를

찬성할지 반대할지 결정할 때 그러지 않는가. 나만의 정견이 확고하고 이해득실이 분명한 경우를 제외하면, 우리는 신문, 텔레비전, 인터넷, 친구, 직장 동료 등의 의견을 참고하되 그렇게까지 열심히 조사하지는 않는다. 인터넷 쇼핑을 하면서 후기를 참고할 때도 두세 개 정도만 보듯이 말이다. 세르주 갈람은 대담하게도 이 '몇몇의 의견을 참고하는 것'이 '나 자신을 포함해 무작위로 모인 세 사람이 하는 다수결'에 따라 의견을 변경하는 것이라고 여겼다.

이처럼 개인이 의견을 조정하고 변경하는 일은 끊어졌다 이어졌다 하며 집단 전체의 찬성과 반대 비율이 안정될 때까지 일어날 것이라고 갈람은 생각했다. 그리고 그 과정을 시간에 따른 확률 분포의 변화를 설명하는 방정식으로 표현했다. 그로부터 몇 가지 흥미로운 결론이 도출되었다.

(1) 우선 고정표 타입이 없고 오로지 유동표 타입만 있는 사회에서는 의견이 조정될수록 찬성과 반대 중 한쪽이 우위에 서서 마지막에는 전원 찬성 또는 전원 반대라는 결과가 나온다. 마지막 순간 어느 쪽으로 치우칠지는 시작 시

점에 찬성파가 50퍼센트를 넘느냐에 따라 결정된다. 즉, 유동표 타입이 다른 사람의 의견을 따르는 과정에서 찬성과 반대의 차이가 확대되어 최초의 다수파가 승리하는 것이다.

(2) 고정표 타입이 조금만 섞여도 찬성과 반대의 분포는 큰 영향을 받는다. 가령 '항상 찬성'인 고정표 타입이 5퍼센트 있다면 어떻게 될까. 설령 최초에 70퍼센트가 반대한다고 해도 무작위로 그룹이 나뉘어 의견이 조정되는 과정을

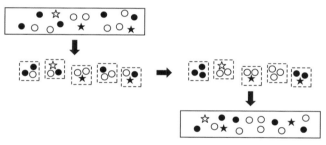

그림으로 보는 세르주 갈람의 이론

흑백으로 표현한 것은 찬성 또는 반대 의견을 지닌 개개인이다. 사람들이 무작위로 세 명씩 그룹을 이루고, 그룹 내에서 다수결을 하여 의견을 변경한다. 단, 별 모양으로 표시한 고정표 타입은 그룹 내 다수결에 따르지 않고 자신의 의견을 유지한다. 다수결로 의견을 조정하면 그룹은 뿔뿔이 흩어진다. 이 과정을 찬성과 반대의 비율이 안정될 때까지 반복한다.

거치면 최종적으로는 전원이 찬성하게 된다.

(3) 고정표 타입이 17퍼센트 이상이라면, 그들은 무적이다. 즉, 절대 찬성파인 고정표 타입이 17퍼센트만 있다면 나머지 유동표 타입이 최초에 모두 반대 입장이라 해도 시간이 흐르며 전원 찬성파로 돌아서게 된다.

참고로 매직넘버처럼 언급된 17퍼센트, 즉 0.17은 엄밀히 말해서 $3-2\sqrt{2}=0.1715\cdots$다. 이 수는 앞서 말한 '무작위로 모인 세 사람이 다수결로 의견을 조정한다'는 가정에 따라 도출한 것이다. 가령 세 사람이 아니라 다섯 사람이 모이는 것으로 조건을 바꾸면 17이라는 수가 조금 변한다. 그렇지만 본질적인 결론은 변치 않는다. 주변과 의견을 교환하며 사회 전체의 의견을 조정하는 '민주적 절차'를 밟아서 다수결을 할 경우, 20퍼센트도 되지 않는 소수파의 확고한 의견이 나머지 일반 유권자 전체의 의견보다 우선되는 일이 일어나는 것이다.

스스로 판단하는 다수의 통치가 쇠퇴하면, 민주제 아래

에서 소수에 의한 독재가 나타난다는 뜻이다.

에너지 산업계에서도, 의사협회에서도, 농협에서도, 담배 산업계에서도, 확신을 지닌 소수파가 불가사의할 만큼 막대한 영향력을 휘두르는 이유는 무엇일까? 실제로 많은 다수결 선거가 선악과 득실을 냉정히 판단하는 독립적인 개인들이 집합하여 이뤄지지 않고, 강한 동기를 지닌 사람들이 구성한 집단끼리 벌이는 '일반 유권자' 쟁탈전 양상을 띠는 것은 어째서일까? 우리 주위에서 벌어지는 민주정치의 실제 모습을 바라보면 좋든 나쁘든 세르주 갈람의 여론 역학과 부합하는 점이 많은 것 같지 않은가.

최근 이따금씩 접하는 말 중에 '숙의민주주의'라는 것이 있다. 전문가를 포함한 소수의 사람들이 모여서 토론을 거듭하고, 그 결과를 집단 전체의 의사결정에 활용하는 것이라고 한다. 이 숙의민주주의는 세르주 갈람의 여론 역학이 묘사한 과정을 의식적으로 제도화한 것 같다.

갈람의 여론 역학은 민주적 다수결에 따른 집단의 의사결정 문제 외에도 적용할 수 있다.

12,562. Bazar de Jaffa.

두 가지 두통약, 가령 '자이레놀'과 '니스피린'이 인터넷 쇼핑몰에서 판매된다고 가정해보겠다. 자이레놀에는 약학적 효능이 증명된 성분들이 포함되어 있지만, 니스피린은 값비싼 유효 성분이 전혀 없는 가짜 약이라고 하자.

니스피린을 만드는 제약사의 홍보부는 역량이 무척 뛰어나 SNS에서 적극적으로 효과를 선전한다. 쇼핑몰 사이트에서도 정식 판매보다 앞서 바람잡이를 이용해 니스피린을 추천하고 자이레놀을 헐뜯는 후기를 남기게 한다. 그에 비해 자이레놀의 제약사는 결국 좋은 게 잘 팔린다고 믿는 점잖고 고풍스러운 전략을 취할 뿐이다.

만약 약을 사러 사이트에 방문한 모든 사람이 약학 지식이라곤 전혀 없는 문외한이라면 어떻게 될까. 거의 전원이 사이트의 후기를 두세 개 보고는 니스피린을 구매할 것이다. 그리고 구입한 사람 중 (아마 플라세보 효과겠지만) 두통이 나았다고 느낀 일부는 니스피린을 호평하는 후기를 남길 것이다. 결국 나중에 방문하는 사람일수록 좋은 평가를 보게 되고, 니스피린만 판매되는 한탄스러운 사태가 계속된다.

만약 쇼핑몰에 방문하는 모든 사람이 의사, 간호사, 약사 등 프로라면 어떻게 될까. 바람잡이의 알맹이 없는 의견 따위는 무시하고, 약의 성분표를 비교하여 거의 모두가 자이레놀을 구입할 것이다. 그리고 일부 친절한 사람들이 남긴 '확실히 효과가 있다.' 하는 후기가 차근차근 쌓일 것이다.

현실은 지금 살펴본 양극단 사이에 있겠지만, 세르주 갈람의 여론 역학에 기초해 다음처럼 예상해볼 수 있다. 약의 성분표를 이해하는 프로의 비율이 약 17퍼센트 이하라면 가짜 약 니스피린이 팔리고, 프로의 비율이 17퍼센트 이상이라면 자이레놀이 잘 팔릴 것이라고 말이다. 실제로 이와 같은 사회실험을 진행해서 예상대로 결과를 얻었다고 하는 학술 논문이 이미 여러 편 발표되었다.

즉, 여론의 세계에서는 가치 있는 의견이 17퍼센트 이상은 되어야 가치 없는 의견을 쫓아낼 수 있는 것이다.

다수결에 의한 의사결정은 콩도르세 후작이 말했듯 세상사를 잘 아는 사람들이 많이 모일수록 강한 힘을 발휘한다. 또한 충분한 지식이 없는 많은 사람들 사이에 소수의 현자가 섞여 있어도 다수결은 힘을 발휘한다. 민주주의는 최악의 제도이지만 그동안 시도된 다른 모든 제도보다 낫다고 했던 영국인이야말로 진정 지혜로웠던 것이다.

세르주 갈람은 현재 일본의 공동연구자와 함께 '서로 대립하는 여러 소수자 그룹으로 구성되는 다수결 세계'를 고찰하고 있다. 즉, 정당정치의 역학 이론을 세우고 있다.

윤리

조수의 흐름, 배는 한쪽으로 기울어 항해한다.
컴퍼스의 범위를 뛰어넘어 어디로 향하는가.
뱃전에 몸을 내밀고,
죽음을 건 부정과 의지의 "인간"의 자유!

○ 요시다 잇스이 「Ave Maris Stella」

사람이 꿈에서 깨어나 기억해내려 하는 순간, 꿈은 눈 녹
듯이 사라져버린다. 누구나 그런 적이 있을 것이다. 영국의
시인 새뮤얼 테일러 콜리지Samuel Taylor Coleridge는 꿈속에서
기적 같은 장시長詩를 만났지만, 잠에서 깬 후 전부 써내지
는 못했다. 콜리지가 채 완성하지 못한 짧은 시가 바로 뭐
라 형언하기 힘든 걸작 「쿠블라 칸Kubla Khan」이다.

    In Xanadu did Kubla Khan

    A stately pleasure-dome decree:

Where Alph, the sacred river, ran

Through caverns measureless to man

Down to a sunless sea…

상도에서 쿠블라 칸이 명령한다

호사로운 환락궁을 지으라고

그 땅에 흐르는 성스러운 알프의 강줄기

인간이 헤아릴 수 없는 동굴을 거쳐

태양빛도 없는 바다로 흘러든다

교토대학교의 뇌신경과학자 가미타니 유키야스神谷 之康 박사에 따르면, 막 잠에서 깬 사람은 보통 직전 30초 정도에 보았던 꿈을 기억한다고 한다. 장대한 꿈도 한순간 정도의 시간에 압축되는 것일까.

뇌 신호 해석, 즉 브레인 디코딩brain decoding 연구로 유명한 가미타니의 연구진은 딥러닝을 이용해 뇌의 전기신호를 해석함으로써 사람의 뇌가 그리는 이미지를 컴퓨터에 재현해낸다. 실험에서 피험자는 체내 혈류 활동을 측정하는

fMRI 장치 안에서 잠을 자고 눈뜨자마자 꿈에서 무엇을 보았는지 연구진에게 보고한다. 잠들어 있는 동안 피험자의 뇌내 활동은 실시간으로 신호 처리 및 해석이 이뤄지는데, 그로부터 피험자가 잠자면서 보았을 여러 이미지를 추정할 수 있다.

실제로 실험을 해보면 어떤 결과가 나올까. 피험자가 "나이프를 든 인어가 있었다."라고 보고하는 경우, 그가 기상하기 직전 30초 정도의 뇌 신호에서 '나이프' '여자' '물'이라는 이미지가 정확히 추출된다고 한다. 즉, 꿈에서 본 여러 이미지는 대뇌 속에 분명히 존재하며 신경과학적으로 실체가 있는 것이다.

여기서 흥미로운 것은 기상보다 30초 이상 앞서 잡힌 뇌 신호다. 기계학습 프로그램이 30초 이상 앞서 잡힌 뇌 신호를 해석한 결과, 그때도 뇌내에서 갖가지 이미지가 계속 떠오른다는 것이 밝혀졌다. 그런데 프로그램이 해석한 이미지와 피험자가 기상 후에 보고한 꿈속의 내용은 전혀 관계가 없었다고 한다. 왜 그런 것일까?

기억해내지 못하는 꿈.

사람은 눈을 뜨기 한참 전부터 꿈을 꾸지만, 기상 직전 30초 정도만 기억하고 그보다 전에 본 것은 잊어버린다. 이렇게 실험 결과를 해석하는 것이 가장 자연스러울 듯싶다. 우리 모두는 무언가 불분명한, 기억해낼 수 없는, 잊어버린 꿈의 잔영 같은 것을 느껴본 적이 있다. 잊어버릴 수밖에 없는 꿈을 채우는 것은 그저 무작위로 떠오르는 이미지들일까. 아니면 우리 의식의 조각, 마음속 깊은 곳에 새겨진 바람일까.

기억해낼 수 없는 꿈은 왜 존재할까? 그런 꿈을 존재한다고 해도 될까? 본인에게는 존재하지 않는 꿈을 타인이 딥러닝으로 캐내어 존재하는 것으로 만들어도 될까?

정보기술이 사회로 침투하여 개인의 내면이 여지없이 드러나고, 나도 모르는 사이에 데이터가 되어 누군가의 컴퓨터에 저장되는 것은 대부분 사람들에게 두려운 일이다. 나 자신도 모르는 잊어버린 꿈을 캐내는 걸 보고 그저 멍하니 꼼짝 못 하는 것 외에 우리가 무엇을 할 수 있을까. 가미타니 유키야스는 다음처럼 말했다. 뇌의 인지 과정을 탐구하

윤리

는 과학은 '인식이란 무엇인가, 의식이란 무엇인가.' 같은 근원적이고 철학적인 문제와 직접 맞닿아 있다고. 가미타니는 캘리포니아공과대학교에서 정보신경과학으로 학위를 취득하기 전에 도쿄대학교 고마바 캠퍼스의 과학철학과에서 공부했다. 그 유명한 히로마쓰 와타루에게서도 배운 철학 청년이었던 것이다.

뇌내 이미지를 추출하는 기술은 세계 각지의 연구소에서 무섭도록 빠른 속도로 다양하게 전개되고 있다. 사람의 뇌내에 있는 '이미지'와 '말'을 비롯해 '개념'과 '정념'까지도 '말로 설명하거나', '눈짓으로 신호하거나', '자판으로 글을 쓰거나' 하는 신체적 매개를 거치지 않고 다른 사람의 뇌에 직접 전달하는 SF 같은 세계가 이제는 현실의 범주에 들어오고 있다.

뇌의 정보 전달이라는 관점에서 보면, 인간의 신체에서는 병목 현상 같은 극심한 정체가 일어난다. 뇌과학은 병목을 회피하여 뇌와 뇌, 뇌와 세계를 직접 연결하는 수단을 마련해가고 있다. '신체가 없는 뇌'라는 것조차 더 이상 황

당무계한 허풍으로 치부할 수 없다.

　그렇지만 신체성의 구속에서 벗어난 뇌는 무엇일까. 신체를 조작해야 한다는 무거운 짐을 덜어낸 뇌는 어떤 사고를 시작할까. 언젠가 꿈과 기억해내지 못하는 꿈, 의식과 무의식을 통합한 고차원적인 의식에 도달할까. 뇌과학으로 고차원적인 의식을 손에 넣으면, 우리는 이윽고 자신의 지능을 초지능으로 개조하는 준엄한 길로 나아갈까.

　그러는 것이 과연 새로운 인간 해방인지, 아니면 인간성에서 벗어난 배제해야 할 괴물인지, 또는 봉인해야 할 기술인지, 우리는 알 수 없다. 틀림없는 사실은 뇌신경과학이 윤리학의 영역으로 들어섰다는 것이다.

'사과'라는 단어 없이 사과를 떠올릴 수 있을까. 어려울 듯싶다. 독특한 향기를 풍기는 그 달콤한 과일은 언어로 한정했을 때 비로소 귤도 감도 아닌 무언가로서 우리의 마음 속에 존재하게 된다. 그런데 기묘하게도 그 언어는 우리의 내면에 처음부터 있었던 것이 아니라 바깥에서 마음으로 주입된 자의적인 기호다. 사과라는 글자와 그 글자를 소리 내어 읽는 법, 그것들과 사과의 존재 자체는 오로지 사회적 약속만으로 연결되어 있다.

비행기로 여행을 떠나보면 지금 말한 것을 실감할 수 있다. 이국의 처음 가본 마을에서 가게 주인장에게 아무리 "사과"라고 말한들 당신이 바라는 과일은 결코 주지 않을 것이다.

말이라는 사회적 약속을 거치지 않으면 사물의 존재를 인지하는 것조차 불안정해진다. 그렇다면 다른 언어의 화자는 우리와 다르게 이 세계를 보고 있지 않을까. 이누이트에게는 하얀색에 해당하는 단어가 수십 개나 있다고 하는데, 우리에게 단색인 북극권을 그들은 다채롭게 인식할까.

말과 인지를 둘러싼 이런 의문을 누구나 한 번쯤 품어봤을 것 같다. 이 의문에 처음으로 명료한 과학적 해답을 제시한 이가 시카고대학교의 언어심리학자 존 루시John A. Lucy다. 본래 루시 박사의 전문 분야는 마야어다. 멕시코의 울창한 정글에 신성문자로 뒤덮인 수수께끼의 고대 도시를 남긴 사람들의 언어 말이다. 고대 마야 문명의 흐름을 계승한 현대의 마야인은 지금도 유카탄반도에서 약 700만 명이 마야어를 사용하며 생활하고 있다.

마야어에는 '명수사'단위성 의존 명사 개념이 있어서 물건을 헤아릴 때 종류에 따라 다른 말을 숫자 뒤에 덧붙인다. 예컨대 '동물 한 마리, 두 마리, 전화기 한 대, 두 대'라고 할 때의 '마리'와 '대'가 명수사다. 그런데 영어에는 '명수사'에 해당하는 것이 존재하지 않는다.

'초'를 마야어로는 '키브'라고 하며, '초 한 자루'는 '운 추트 키브'라고 한다. '운'이 '하나', '추트'가 '자루'인 것이다.

고대 마야의 신성문자

명수사 덕에 마야어에서는 사물을 가리키는 명사가 '모양'의 구속에서 자유로워졌다. 단단한 기둥 모양이든, 녹아서 널빤지처럼 되었든, 모양과 상관없이 초는 '키브'다. 명수사 '추트'를 붙였을 때 비로소 그 초가 기둥 모양이라는 게 명시된다.

그에 비해 명수사가 없는 영어에서는 대부분의 경우 무언가를 가리키는 명사 자체에 모양과 관련한 정보가 담겨 있다. 초 한 자루는 '어 캔들a candle'인데, '캔들'이라는 명사는 기둥 모양이라는 의미를 품고 있다.

1992년, 존 루시는 다음과 같은 실험을 했다. 우선 피험자에게 손바닥만 한 크기의 '두꺼운 종이로 만든 작은 상자'를 보여준다. 그다음 비슷한 크기의 '플라스틱 상자'와 '두꺼운 종이 한 장'을 보여주고, 처음 본 것과 비슷한 쪽을 고르라고 한다. 피험자 중 미국인은 거의 항상 플라스틱 상자를 골랐고, 마야인은 꽤 많은 비율이 두꺼운 종이 한 장을 선택했다.

처음 본 종이 상자를 영어 화자는 모양으로 판단하여 '작은 상자'로 인식했고, 마야어 화자는 소재로 판단하여 '두꺼운 종이'로 인식한 것이라고, 이 실험 결과를 해석할 수 있다. 명사가 형태 정보를 포함하는 영어, 포함하지 않는 마야어, 이런 언어의 구조 차이가 물체를 인식하는 데 영향을 미친다는 사실이 이 실험으로 처음 명확하게 증명되었다.

흥미롭게도 이 실험을 7세 이하의 아이들을 대상으로 해보면, 미국인이든 마야인이든 차이가 나타나지 않는다. 대부분 아이들이 모양을 우선하여 '플라스틱 상자'를 고른 것이다. 7세 이하의 마야인 아이는 아직 명수사를 바르게 구사하지 못한다는 사실과 정확히 부합하는 결과다.

언어의 구조가 사람의 인지에 직접적인 영향을 미친다는 주장을 '사피어·워프의 가설Sapir-Whorf hypothesis'이라고 하는데, 언어학계에는 이 가설을 둘러싼 오랜 논쟁의 역사가 있다. 20세기 초반 전체주의의 번성이 엮이며 논쟁은 정치적인 성격을 띠었고, 오랫동안 이 문제는 학파 간 분열의 한 원인이 되었다. 하지만 그런 원리적 논쟁은 오늘날 자취를 감추었다. 지금은 실증적 연구에 기초한 '언어학적 상대론', 즉 인지의 근간이 되는 구조는 선천적이고 공통되지만 서로 다른 언어에 따른 인지의 차이가 분명히 존재한다는 설을 언어학자 대부분이 인정하고 있다. 뇌과학과 딥러닝 등 관련 분야도 발전한 덕에 언어와 인지의 관계에 대한 연구는 이제 '실용적'인 단계에 접어들었다.

윤리

intelligantur ; ecce tibi præsens diagramma, in quo sequentia comprehenduntur.

Oculus A sub radiis A B & A C, aspicit Venerem B C sphæricã, quæ tamen perigæa cornuta est instar Lunæ, monstrante tubo.

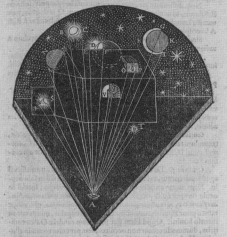

Ille idem oculus cornu Lunæ D, pone domum ascendentis, sub radiis A E & A F conspectum, iudicat esse globosum, & vnum aliquem è planetis maioribus.

At verò falcem G H I nascentis Lunæ arbitratur vmbroso G K I eminentiorem.

Sic Lunæ defectæ partem tenebrosam LMN, separatim visam,

I   parte

◆ ◆ ◆

　세기가 바뀌던 2000년, 헬싱키에 있는 핀란드직업건강연
구소에서 핀란드의 산재 사고 당사자 중 스웨덴어 화자와
핀어◆ 화자를 비교하는 연구가 이뤄졌다. 최신 기술을 다
루는 세계적 기업 노키아부터 가족끼리 경영하는 임업과
수운업까지, 총 5만 건에 이르는 산재 데이터를 조사했다.
시모 살미넨Simo Salminen과 안테로 요한손Antero Johansson이
발견한 것은 스웨덴어 화자의 사고율이 핀어 화자에 비해
40퍼센트 정도 낮다는 사실이었다. 그 결과는 기업의 규모
나 업종과 거의 상관이 없었다. 참고로 핀란드의 노동 환경
은 선진적이며, 핀어 화자의 산재 사고율 자체도 유럽 평균
에 비해 낮다.

　핀란드 국민 중 채 6퍼센트가 안 되는 소수파인 스웨덴
어 화자는 6세기 이전부터 핀란드에 거주했다. 그들은 문
화, 경제, 나아가 생활습관까지도 다수파인 핀어 화자와 완
전히 통합되어 있다. 말을 하지 않는 상황에서 그들을 구별
하기란 핀란드 국민이라 해도 거의 불가능하다고 한다.

◆ 우랄어족에 속하는 언어로 핀란드의 공용어 중 하나다. 스웨덴,
노르웨이, 러시아 등에서도 쓰인다.

핀어 화자	스웨덴어 화자
─우랄어족 ─인구 중 86%	─인도·유럽어족 ─인구 중 6% 이하

핀란드 국내의 핀어 화자와 스웨덴어 화자

살미넨과 요한손은 고찰 끝에 다른 모든 요인을 배제했다. 그들이 다다른 결론은 언어에 따른 인지의 차이 외에 사고율이 다른 원인은 없다는 것이었다.

핀어는 유럽의 다른 언어와 계통이 전혀 달라서 사물과 현상들의 관계가 명사의 격변화格變化✦로 나타난다. 그래서 핀어는 수많은 사물과 현상을 다룰 때 시간 순서가 모호해지는 경향이 있다. 그에 비해 인도·유럽어족에 속하는 스웨덴어는 전치사, 후치사를 구사하여 일상 회화에서도 사물과 현상들의 시간 관계가 늘 명확하다. 그래서 위험할 수 있는 복잡한 작업을 순서대로 하는 경우, 핀어 화자에 비해 스웨덴어 화자가 시간 순서가 더욱 명확한 멘털 모델mental model을 세울 수 있다. 이 때문에 스웨덴어 화자의 노동 안정성이 더욱 높다고 생각한 것이다.

✦ 문장에서 한 단어가 다른 단어와 맺는 관계에 따라 어미가 달라지는 것을 가리킨다. 단수인지 복수인지, 주격인지 목적격인지 관형격인지, 남성인지 여성인지 등에 따라 어미가 변화한다. 주로 독일어와 러시아어 등 인도·유럽어에서 나타난다.

다른 언어를 안다는 것은 다른 세계관을 터득한다는 뜻이다. 모든 일본어 화자가 일본어와 가장 동떨어진 언어 중 하나인 영어를 의무교육으로 배우는 것은 결코 나쁜 일이 아니다. 독자 여러분이 학교와 학원에서 영어 공부에 쏟은 노력, 그러다 느낀 분함, 흘린 눈물은 설령 영어에 통달한 화자가 되지 못했다 해도 결코 쓸모없는 것이 아니다. 이국의 요리가 들어오면 식문화가 다채로워지듯이, 외국어의 요소는 한 나라의 언어문화를 더욱 풍미가 깊고 풍성하게 바꿔준다.

언어를 습득하여 새로운 인지능력을 손에 넣는 것은 꼭 외국어가 아니라도 할 수 있다. 같은 국어라도 초등교육에서 익히는 것과 고등교육에서 배우는 것은 이국의 언어 체계라 해도 무방할 만큼 다르다. 그런 차이에서 고등교육의 이점 중 대부분이 유래하는 듯싶다. 개별 과목에서 새로운 지식을 습득하는 것이 전부가 아니라는 말이다. 언어심리학계가 최근 중점적으로 연구하는 것은 서로 다른 사회 계층의 언어 차이와 인지 능력 차이 사이에 어떤 관계가 있느냐 하는 것이다.

윤리

THE WATCHMAN.

THE TOWER.

NINE O'CLOCK BELL.

A FIRE.

WATCH-TOWER, CORNER OF SPRING AND VARICK STREETS, NEW YORK.—DRAWN BY WINSLOW HOMER.—[SEE PAGE 161.]

언어와 인지의 관계를 알아보는 연구는 아직 발전하는 중이다. 언어를 포함해 인간 활동의 빅데이터가 축적되면 더욱 정밀한 연구가 이뤄질 것이다. 그 결과는 사회의 안정성과 편의성을 향상시키는 데 활용되기도, 혹은 지능범죄나 여론 조작에 쓰이기도 할 것이다. 아니면 조지 오웰의 소설 『1984』에서 등장하는 독재국가의 언어 '뉴스피크 newspeak'처럼 자유를 억압하는 데 이용될지도 모른다.

존재와 의식을 직접 잇는 사회적 매개인 '언어', 그 안에 숨은 힘은 아직 전부 드러나지 않았다.

미래가 어찌 될지는 모르지만, 앞으로 우리가 언어의 진정한 힘을 목격하게 되리라는 것만큼은 틀림없다.

(광차 문제의
사정거리)

법철학자 기라 다카유키吉良 貴之가 이야기하기 시작했다.

"여러분 중 '광차 문제'에 대해서 들어본 분이 계실까요?"

찬바람이 부는 12월 어느 청명한 저녁, 새로 단장한 고치
시 도서관 '오테피아'의 맨 위층 플라네타륨 옆 강연장에서
있었던 일이다. '고치 사이언스 카페'의 강연자는 도쿄에서
온 젊은 법철학자였다.

탄광의 채굴 현장에서 브레이크가 고장 난 광차가 선로
앞쪽에 있는 다섯 명의 광부를 향해 폭주하고 있다. 선로
전환기로 연결된 다른 선로 위에서는 한 명이 작업 중이다.

우연히 선로 전환기 옆에 있는 당신은 이대로 다섯 광부가 광차에 치여 죽는 것을 두고 보든지, 아니면 선로가 바뀌도록 레버를 당겨서 애꿎은 한 명을 죽게 만들든지, 둘 중 하나를 선택해야 한다. 당신이라면 어떻게 하겠는가?

청중은 레버를 당기는 쪽이 6, 당기지 않는 쪽이 4로 나뉘었다. 주의 깊고 신중하게 청중과 대화하는 기라 다카유키의 입에서 '공리주의', '칸트주의' 같은 윤리학 용어가 나왔고, 강연장의 분위기도 덩달아 달아올랐다. 온갖 의견이 난무하며 진정되지 않던 그때, 강연장 맨 뒤에서 허리가 꼿꼿한 한 신사의 테너 같은 목소리가 울렸다.

"그 선로 전환기 옆의 '당신'이란 대체 누구입니까? 어떤 입장에 있는 사람입니까?"

고치대학교에서 달려온 기라 다카유키의 오랜 친구, 헌법학자 오카다 겐이치로岡田 健一郎였다. "음…" 하며 신음 같은 소리만 날 뿐 강연장은 한순간 침묵에 빠졌다.

내 생각대로 되었다는 듯이 기라 다카유키는 이야기하기 시작했다. 레버를 당기는 '당신'이 꼭 사람이라는 법은 없다. 가령 인공지능(이후 AI) 로봇에 선로 전환기를 맡겼을 수도 있다. 그렇다면 그런 상황에서 AI가 어떤 판단을 하도록 가르치면 될까?

이 의문은 결코 단순한 가상의 지적 퀴즈가 아니다. 자율주행 실용화가 머지않은 오늘날, '광차 문제'와 비슷한 실제 상황에 대비해 자율주행 AI의 프로그래밍을 어떻게 하면 될까 하는 것은 자동차의 판매와도 관련된 현실적인 문제다.

가령 브레이크로는 제때 멈출 수 없는 상황에서 자율주행 자동차 앞에는 길을 건너는 노인 세 명이 있고, 그 옆에 차량 통행을 막는 블록이 있다고 해보자. 이럴 때 AI는 어떤 선택을 해야 할까? 그대로 노인들에게 돌진할까, 아니면 스스로 핸들을 꺾어서 자동차에 탑승한 사람과 함께 블록을 들이받아야 할까.

문제적 상황은 이런저런 방식으로 변주할 수 있다. 길을 건너는 보행자가 어린아이라면 어떨까. 보행자가 횡단보도를 건너는 경우와 차도를 무단 횡단하는 경우에 따라서 보행자를 칠지 블록을 들이받을지 판단이 달라질까.

사람들 대부분이 납득하는 판단을 자율주행 AI가 내리도록 하는 것은 매우 어려운 일 같다. 그보다는 사람들이 비슷한 상황에서 어떤 윤리적 판단을 하는지부터 철저하게 조사할 필요가 있지 않을까.

실은 그런 조사가 이미 이뤄졌다. 심지어 지구 전체를 망라한 대규모 조사가.

MIT미디어연구소의 부교수 이야드 라흐완Iyad Rahwan이 이끄는 연구진은 2018년 가을 과학저널 『네이처』에 획기적인 논문을 발표했다. 그들은 인터넷을 이용하여 전 세계의 100만 명 넘는 피험자에게 40가지 상황으로 변주한 자율

윤리

주행 자동차의 '광차 문제'를 내고 그에 대한 답을 받았다. 4000만이 넘는 답으로 이뤄진, 그야말로 '윤리학 빅데이터'를 만든 것이다!

각자의 데이터는 아홉 가지의 독립된 윤리적 성향으로 정리했고, 중심점에서 뻗어 나오는 아홉 개의 선 위에 각 성향을 표시하여 방사형 그래프로 만들었다. 그다음 100만 피험자들의 방사형 그래프를 복잡계 물리학의 네트워크 이론에 기초하여 분석했다. 그 결과 수많은 사람들에게 공통된 윤리적 판단이 존재한다는 사실을 확인했다. 그와 동시에 지구상의 지역별로 윤리적 성향에 흥미로운 차이가 드러났다. (163면 표 참조)

우선 전 인류에게 공통적으로 더욱 많은 인명을 구하려는 경향, 노인보다 젊은이를 구하려는 경향이 있다는 결과가 확인되었다. 인류라는 종의 보존을 고려하면 거의 모든 사람이 납득하는 윤리적 판단일 것이다.

또한 네트워크 클러스터 분석으로 드러난 사실인데, 사람들의 윤리철학적 성향을 기준 삼아 보면 전 세계는 크게 세 구역으로 나뉜다. 이야드 라흐완은 각각 '서부western 클러스터', '동부eastern 클러스터', '남부southern 클러스터'라고 불렀다. 대략 말하면 '서부 클러스터'는 유럽과 북미 국가들, '동부 클러스터'는 동아시아와 남아시아, 그리고 동남아시아의 국가들, '남부 클러스터'는 남아메리카의 국가들로 구성된다.

일본과 한국 등이 속하는 동부 클러스터의 특징은 구할 수 있는 인명의 수를 중시하지 않는다는 것, 그리고 합법적인 행동을 하는 사람을 우선하여 구한다는 것이다. 그리고 동부 클러스터에서는 노인을 존중하는 동시에 남녀를 똑같이 대하는 경향이 나타났다. 이를 뒤집어 말하면 동부 클러스터에서는 법을 지키지 않는 사람의 목숨을 경시하며, 다른 클러스터에 비해 어린 사람과 여성을 냉정하게 대한다고 할 수도 있다. 일본과 가장 경향이 비슷한 나라가 바로 이웃하는 한국, 대만, 중국이 아니라 마카오와 캄보디아라는 점도 흥미롭다.

멕시코, 아르헨티나, 칠레, 콜롬비아, 파라과이 같은 나라들이 속한 남부 클러스터의 특징은 사회적 지위가 높은 사람의 생명과 어린 사람, 여성의 생명을 존중하는 것이다. 그

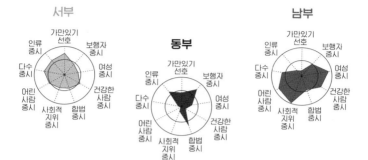

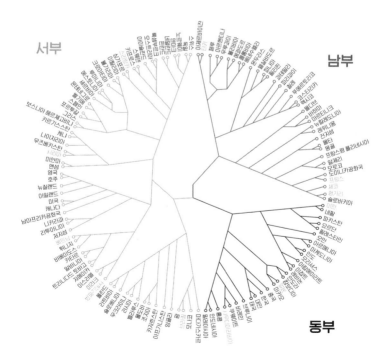

리고 다른 클러스터에 비해 남부 클러스터에서는 건강한 사람의 생명을 더욱 존중하는 경향이 두드러졌다. 한편으로 남부 클러스터에서는 인명의 수와 합법 여부를 중시하지는 않았다.

영국, 독일, 이탈리아, 러시아, 폴란드 등 유럽 국가들과 북아메리카가 속한 서부 클러스터에서는 무언가를 특히 중시하기보다는 전부 균형 있게 고려하는 경향이 두드러졌다. 군이 말하면 '사태에 개입하길 피한다.' '일이 돌아가는 형편을 존중한다.' 하는 경향이 다른 두 클러스터에 비해서 강했다.

여기서 동부, 서부 같은 이름 자체는 임의적인 것으로 앞선 분류에서 기묘하게 벗어나는 예외가 있는 것이 흥미롭다. 유럽의 중핵을 자처하는 프랑스, 그리고 중유럽의 체코와 헝가리는 왠지 윤리적 구분에서 남부 클러스터에 속한다. 아시아의 베트남, 방글라데시, 스리랑카, 그리고 남아메리카의 대국 브라질은 서부 클러스터에 들어간다. 중동 국가들의 경우에는 이란과 사우디아라비아가 동부 클러스터, 이라크와 시리아가 서부 클러스터, 터키가 남부 클러스터로 신기하게도 뿔뿔이 흩어진다.

이와 같은 분류의 결과는 앞으로 인공지능 자율주행차를 설계하는 데 활용될 것이고, 또는 각 나라에서 교통 사고를 줄이기 위해 도로와 법규를 정비하는 데도 도움을 줄 것이다. 그렇지만 가장 인상적인 점은 이 분류의 결과가 국가에 관한 스테레오타입과 무척 절묘하게 어울린다는 것이지 않을까. 합법성을 얼마나 중시하는지, 남녀평등을 대하는 각 문화권의 온도차는 어떤지, 사회적 평등을 얼마나 우선하는지 등등. 쓴웃음과 더불어 고개가 끄덕여지는 지점이 이토록 많을 줄이야. 그리고 무엇보다 자의적인 개념이나 분류를 전혀 끌어들이지 않고 그저 데이터에 기초해 '자동적으로' 인간 세계가 3대 문화권으로 나뉜 것이 놀랍다.

윤리학의 의문에서 시작된 여정이 데이터 사이언스로서의 문화론에 다다랐다니!

지금껏 오로지 정성적定性的 언설로만 논할 수 있었던 '국가별 문화 풍토' 같은 주제까지 이제는 네트워크 이론으로 하는 정량적定量的 해석의 도마 위에 오른 것이다.

도표에 쓰인 나라들을 거듭해서 확인하며 머릿속으로 이런 생각을 하는 와중에도 강연장의 이야기는 계속 진행되었다. 마지막 주제인 형법의 필요성에 대해 토론이 시작되었다.

'과격파 자유지상주의자libertarian'라고 자인하는 법철학자 기라 다카유키는 다음처럼 주장했다. 실증적인 관점으로 보면 형벌은 범죄를 억제하지 못하는 경우가 많다. 제도 설계만 잘하면 민법에 기초한 사람들의 계약만으로도 범죄가 적은 성숙한 사회를 유지할 수 있다.

그에 비해 헌법학자 오카다 겐이치로는 민법과 형법을 유기적으로 운용해야만 사회의 건전성을 유지할 수 있다고 생각했다. 전통적인 법학의 입장에 선 것이다.

한 청중이 질문을 했다.

"광차 문제의 데이터에서 칸트주의, 공리주의 같은 개개인의 철학을 추출할 수는 없을까요?"

법철학자는 만면에 미소를 머금고 답했다.

"좋은 질문입니다! 그 이야기를 하려던 참이었습니다."

이야드 라흐완의 데이터는 국가별 특징을 분류하는 것뿐

아니라 해석에 따라서는 개개인의 윤리적 지향성을 정량적으로 분류하는 작업에도 쓸 수 있다. 그처럼 분류된 데이터는 개인의 직업 적성 진단부터 친구 선택까지 온갖 상황에 쓸모 있을 것이다. 또한 그 데이터는 조직의 구성원 채용과 인재 관리는 물론 상품 마케팅에서 주요 고객을 정하는 데도 큰 도움이 될 것이다.

그렇지만 그런 미래가 도래하는 것이 과연 바람직할까? 이 질문의 답은 누구도 모른다. 오히려 이렇게 질문해야 할 것이다. 어떻게 해야 다가올 미래를 바람직한 것으로 만들 수 있을까? 좋든 싫든 데이터 사이언스가 일상을 가득 채운 시대, 그것이 우리가 살아가는 21세기이기 때문이다.

페르시아와 터키의 노예 귀족

　말도 풍습도 다른 먼 곳의 사람들에 대한 역사책을 즐겨 읽는다. 기이하고 부도덕한 동시에 아름답고 정밀하며 묘한 제도, 무언가 마음에 걸려 기억에서 지워지지 않는 존재, 역사책에는 이런 것들이 수없이 쓰여 있다.

　그중 하나가 '맘루크Mamluk'다.

　맘루크란 중세부터 근세에 걸쳐 이슬람 국가들에 있었던, 이민족 노예로 구성된 엘리트 부대의 군인을 가리킨다. 맘루크는 각국에서 궁정 수비의 중핵이었다고 한다. 근세에 유럽, 아프리카, 아시아, 세 대륙에 걸쳐 광대한 영토를 지배한 오스만 제국의 예니체리가 맘루크 중 유명한데, 이집트의 '맘루크 왕조'처럼 스스로 왕이 된 경우도 있었다.

맘루크라는 이해하기 어려운 제도가 어떤 과정으로 만들어져서 어떻게 운용되었는지 알려면, 1100년 전 사만 왕조의 페르시아로 (상상 속에서) 가봐야 한다.

사만 왕조란 이슬람력 2세기 중반, 서력으로 9세기 말에 오늘날의 이란 동부부터 우즈베키스탄에 걸쳐서 존재했던 페르시아어로 말하는 사람들의 나라다. 페르시아인들은 아랍의 정복자에게 나라가 멸망해 이슬람화했지만, 민족은 물론 언어도 문화도 남아 있었기에 200년 정도 지나서 원래 있던 곳보다 조금 동쪽에 새로운 왕조를 세운 것이다.

페르시아인의 나라 동쪽 끝에는 이교도인 튀르크계 유목민족이 살고 있었다. 기마에 뛰어나고 사나운 튀르크족의 습격은 문명적인 도시 주민 페르시아인에게 큰 고민거리였다. 그런 상황을 해결하는 정석은 '이이제이以夷制夷', 오랑캐로 오랑캐를 무찌르는 것이다. 사만 왕조의 페르시아인들도 당연히 정석을 택했는데, 그 방식이 독특했다.

페르시아의 노예상인들은 튀르크인 소년들을 납치해왔

다. 사만 왕조의 관리는 노예상인에게 가서 지능, 체력, 성격, 용모를 전부 엄격하게 따지고는 뛰어난 아이를 사서 데려갔다. 노예 소년들을 데려간 곳은 특수한 학교로 그곳에서 소년들은 코란부터 무술까지, 수학부터 시까지, 예절부터 행동거지까지 배웠다. 그렇게 사만 왕조에 충성을 맹세한 이슬람 전사가 된 것이다. 군인으로서 공적을 올리면 승진을 하고 땅을 얻을 수 있었다.

머지않아 사만 왕조의 정예군은 병졸부터 사령관까지 모두 튀르크 전사들로 채워졌다. 정예군이 가는 곳에는 항상 승리와 영광이 뒤따랐다. 튀르크인 노예들은 군사귀족이 되었고, 이슬람 법관과 관료로 구성된 페르시아인 귀족과 더불어 사만 왕조를 떠받치는 양대 기둥 중 하나가 되었다.

사만 왕조의 동쪽 변경은 안정되었고, 나라는 서쪽으로 확장했다. 그렇게 오래전 페르시아 제국의 영토를 대부분 회복했다. 맘루크 제도 덕분이었다. 사만 왕조 정예군의 평판은 순식간에 퍼져 나갔고, 맘루크는 이슬람 세계 전체로 침투했다.

노예에서 특권계급이 된 튀르크인들은 궁정에도 영향력

을 미쳤고 나라의 정치를 좌우하기 시작했다. 사만 왕조에서 아프가니스탄을 분리시켜 다른 왕조를 세운 것도 그들이다. 하지만 맘루크에게 허용되지 않은 것이 딱 하나 있었다. 바로 계급의 세습이었다. 정예군이 정예롭기 위해서는 항상 병사를 변경의 이교도 중에서 데려와 새로 키워야 했다. 맘루크의 아이들은 이슬람 법관이나 국가 관료가 되어서 일반 페르시아인 문관귀족과 융합해갔다. 맘루크란 늘 노예부터 길러내는, 한 세대에 한정된 존재였던 것이다.

맘루크를 계속 길러내려면 끊임없이 새로운 노예가 공급되어야 했다. 사마르칸트와 부하라 같은 동부의 대도시에는 어디든 커다란 노예시장이 있었다. 호라즘 지역의 중심 도시 히바에는 노예제도가 폐지된 150년 전까지 세계 최대의 노예시장이 있었다. 유네스코 세계유산으로 지정된 그 자취를 지금도 볼 수 있다.

노예시장을 통해서 수많은 튀르크인들이 동쪽에서 서쪽으로 흘러갔다. 고대부터 페르시아인의 거주지였던 곳들이 전부 튀르크와 페르시아가 융합한 세계로 변했다. 그 세계 융합의 열쇠는 세습하는 문관귀족과 한 세대에 한정된 군사귀족이 양립하는 제도였다. 이슬람 전역의 장소별, 시대별로 달라지는 변경에서 그때그때 다른 이교도들이 맘루크로 길러졌다. 아르메니아인, 조지아인, 체르케스인, 그리스인, 알바니아인, 불가리아인. 그들의 자손은 오늘날 모두 이슬람 통합세계의 시민으로 살아가고 있다.

이슬람 세계가 중세 말기 인류 문명의 선두에 있었다고 여기는 사람들도 있다. 그 격조 높은 문화와 강력한 군사력의 배경에 바로 맘루크 제도라는 얼핏 기이하게 보일 인종적·직능적 분업제가 있었다. 오늘날 우리가 신봉하는 평등, 인권, 민주주의 사회제도와 정반대에 있는 불가사의한 맘루크 제도를 어떻게 생각하면 좋을까.

전근대 사회의 문맥으로 살펴보면 맘루크 제도는 '농경민과 유목민의 대립'을 창조적이고 우아하게 해결한 방법이라고 할 수 있다. 왜냐하면 유목민을 상대로 벽을 세우고 매수하고 무력으로 맞서는 것은 마치 높아지는 해일에 저항하여 끝없이 제방을 높이는 것이나 마찬가지라서 결국에는 거대한 붕괴라는 미래가 예상되기 때문이다.

　오늘날 많은 나라들이 다른 문화로부터 재능을 받아들이지 않으면 첨단 과학기술의 발전도 경제 활성화도 실현할 수 없는 상황에 놓여 있다. 과연 현대인은 다른 문화의 재능을 잘 받아들일 수 있을까. 겉으로는 만민 평등주의를 외치지만, 그 이면에서는 우리 주위의 이민족 계급 사이에서 다툼이 벌어지고 있지 않은가. 맘루크 제도를 참고하되 노예제가 아니라 우리의 도덕관과 어울리는 다른 방식으로 이 사회에서 이질적인 요소끼리 사이좋게 잘 융합할 수 있는 제도를 설계해야 하지 않을까.

　우리에게 맘루크란 무엇일까? 이것은 생각지 못한 지혜를 우리에게 가져다줄 수 있는 꽤 의미심장한 질문일지도 모른다.

생명

세계는 아름답다. 왜냐하면 리트미크rythmique한
생명의 표현이, 생활이 있기 때문이다.
세계는 노래하는 것만 같다. 설령 저쪽 세계가
나 때문에 괴로운 생활을 하는 어머니라고 해도.

○ **요시다 잇스이 「신약」**

분자생물학자, 유전적 진실과 마주하다

노벨상을 수상한 분자생물학자 폴 너스Paul M. Nurse가 미국에 오고 3년째 되던 해였다.

폴 너스는 이민국 대기실에 아내와 함께 앉아 있었다. 로체스터대학교의 학장을 맡아서 눈코 뜰 새 없이 바쁜 와중이었다. 그는 영국인이었는데, 미국 영주권 취득이 왠지 원활하게 진행되지 않고 있었다. 이민국은 약식으로 제출한 출생 증명에 뭔가 부족한 점이 있다고 했는데, 결국 영국대사관을 통해서 본국으로부터 정식 서류를 떼어야 했다.

얼마 지나지 않아 대사관 직원이 왔고 두 사람은 다른 방으로 안내를 받았다. 대사관 직원은 망설이면서 서류를 넘기더니 한 곳을 가리켰다. 어머니의 이름이 적힌 칸이었다. 놀랍게도 거기에는 그가 아는 어머니의 이름과 다른 '미리엄'이라는 글자가 쓰여 있었다. 폴 너스보다 열일곱 살 많은 누이의 이름이었다. 아버지의 이름을 적는 칸에는 가로선이 있을 뿐 빈칸이었다. 아버지는 불명이라는 의미였다.

한순간 무슨 영문인지 모르고 멍하니 있던 폴 너스와 그의 아내. 이윽고 아내가 인자한 미소를 머금고 "폴."이라 부르며 손을 잡아주었고, 남편은 그런 아내의 눈을 마주 보면서 겨우 사정을 이해하기 시작했다.

얼마 전 세상을 떠난 누이가 말년을 보낸 침실에 누이의 세 아이와 더불어 폴 자신의 어린 시절 사진이 나란히 있는 걸 보고 좀 의아하게 여겼던 것이 생생하게 기억났다.

폴은 어린 시절부터 자신이 주위와 뭔가 다르다는 것을 알았다. 형제자매는 세 명 모두 중학교를 졸업하자마자 일하기 시작했다. 오직 폴만 학교 성적이 눈에 띄게 뛰어났다. 실제로 폴은 고향인 노퍽의 시골 마을에서 일찍부터 신동

으로 알려졌는데, 한 독지가가 장학금을 준 덕에 폴은 일가족 중 처음으로 대학교에 진학할 수 있었다. 여담이지만 폴의 이국적인 미들네임 '막심Maxime' 역시 서민적인 가정 환경과 동떨어진 탓에 학교에서 놀림을 받곤 했다.

버밍엄대학교에서 학위를 받아 생물학자가 된 폴 너스는 세포 분열을 관장하는 핵심 인자를 밝혀냈다. 그의 성공담은 이미 널리 알려져 있다. 굳이 말할 필요도 없지만 세포 분열이야말로 우리 한 명 한 명을 유지해주고 종족이 번식할 수 있도록 해주는 근본적인 메커니즘이다.

폴은 기억을 되짚을수록 미리엄이 평범한 누이가 아니라는 특별한 사정을 자신도 얼핏 눈치채고 있었던 것 같다는 생각이 들었다.

폴의 앨범에는 누이의 결혼식 사진이 있었다. 폴은 당시 세 살에 불과했다. 사진 속 폴은 실수로 넘어뜨린 결혼식 케이크 옆에 서서 울고 있었다. 미리엄은 한 손을 남편에게 대는 동시에 다른 손으로는 폴의 손을 꼭 잡고 있었다.

마치 마법의 항아리가 열린 듯이 차례차례 샘솟는 기억들. 청년 시절 누이와 있을 때마다 느꼈던 신비한 안도감.

생명

누이가 자신을 볼 때 이따금씩 나타났던 어딘지 슬픈 눈빛. 노벨상 시상식에서 부모님과 형제가 모두 환하게 웃는데, 혼자만 손수건으로 눈가를 닦던 누이의 모습.

그랬다. '누이 미리엄'은 사실 폴의 어머니였던 것이다. 아마 딸이 미혼모가 되어 추문에 시달릴 것을 걱정한 부모가 폴이 태어나자마자 딸의 아이를 자기들의 아이로 키우겠노라 정한 것이리라.

무사히 이민국에서 볼일을 마치고 집에 돌아온 너스 부부는 여전히 흥분한 채 정체 모를 폴의 친부에 대해서 추리해보았다. 유력한 후보는 미리엄이 한때 열을 내며 쫓아다닌 가수였다. 폴 너스가 가장 마음에 들어했던 가설은 미리엄이 사무소에서 일하다 만났다는 망명 러시아 귀족. 소년 시절의 어느 날 가족끼리 대화하다가 미리엄이 그 러시아 신사와 친하게 지냈다는 이야기가 나온 적이 있었다.

폴 너스는 스스로 자신의 유전자 정보 해석을 받았다. 그의 연구실에서는 거의 매달 유명 잡지를 장식하는 학문적 성과를 냈지만, 신문 광고 등을 이용한 폴의 아버지 찾기는 여태껏 별다른 성과를 거두지 못하고 있다.

(개미들의 청명한 세계)

인간은 생물의 우두머리를 자임하고 있다. 지상 동물의 전체 바이오매스(생물량) 중 약 30퍼센트를 차지하며 척추동물의 먹이사슬에서 꼭대기를 차지하고 있으니 터무니없는 주장은 아니다. 농경을 하고 목축을 하여 왕국에 공화국에 대제국까지 세운 생물은 인간밖에 없지 않은가.

그런데 정말 인간 외에는 없을까?

세상을 널리 둘러보면, 실은 인간 말고도 농업을 하고 목축을 하는 생물이, 왕국에 공화국에 대제국까지 세운 생물이 생각지 못한 곳에 있다.

바로 개미다.

일단 개미는 수가 많다. 개미 한 개체의 무게는 인간의 수십만 분의 1에 불과하지만, 바이오매스를 따져보면 개미는 인간에 필적할 정도라고 한다. 즉, 모든 개미의 무게를 재보면 지상의 총동물자원 중 30퍼센트 정도를 차지한다는 말이다. 이는 곤충계에서도 이례적으로 큰 것이다.

개미의 가장 큰 장점은 특이할 정도의 영리함이다. 지금 말한 것은 집단의 영리함, 다시 말해 개체 간 협력으로 만들어지는 '사회적 지성'이며, 그 덕에 개미는 놀라울 만큼 정교한 사회를 조직해냈다. 개체가 협력하여 집단으로 사냥하는 동물은 적지 않다. 하지만 농업을 할 수 있도록 사회적 조직을 발전시킨 생물은 개미, 그리고 우리 인간뿐이다. 뛰어난 사회적 지성 덕에 개미는 지상의 온갖 환경에 적응하여 번영했으며, 그래서 수가 많은 것이다.

현재 개미는 약 3000종이 알려져 있는데, 생활 형태가 각 종마다 매우 달라 무척 다채롭다. 외톨이 늑대처럼 소규모 가족 단위로 생활하는 일부 예외를 제외하면, 모든 개미

는 종별로 서로 다르되 고도로 조직화한 사회에서 살아간다는 공통점이 있다. 마치 1억 5000만 년에 이르는 기나긴 진화를 거치면서 수많은 사회 형태를 실험해본 것만 같다. 둥지 하나의 크기도 수십 마리가 사는 것부터 수백만 마리가 살 수 있는 거대한 것까지 매우 다양하다. 부족 규모를 넘어 사회 조직을 일군 역사가 6000년밖에 안 되는 인간은 개미를 보고 배워야 할 것이 많다.

농업을 하는 '가위개미'를 살펴보자. 여왕이 한 마리 있고 그 여왕의 딸들인 일개미들이 둥지 속에서 버섯을 재배하며 살아가는데, 직무에 따른 역할이 철저하게 나뉜 고도의 분업화 사회다. 톱날처럼 생긴 커다란 턱을 지녀 잎사귀를 자르는 직공, 잘린 잎을 둥지까지 릴레이처럼 나르는 운반공, 둥지로 옮긴 잎을 양분으로 해서 버섯을 기르는 원예가, 병균이 없는지 쉬지 않고 버섯의 상태를 살피는 검사원, 그리고 가장 중요한 역할인 다음 세대를 기르는 보육사—알과 유충을 돌보는 개미까지, 전부 한눈에 알 수 있을 만큼 역할에 따라 몸의 형태와 크기가 다르다.

적의 침입으로부터 둥지를 지키는 군대도 있다. 전투를 담당하는 개체는 무척 강인하고 검사원보다 약 5배는 덩치가 크다. 유충 단계 혹은 알의 단계에서 아직 밝혀지지 않은 모종의 방법으로 직무에 따라 형태가 분화한다. 개미의 직무는 카스트 같은 계급인 것이다. 계급별로 뇌의 크기와 해부학적 구조까지 다르다.

뇌라고? 개미한테 뇌가 있나? 개미는 머리가 떨어져도 살아 있다고 『파브르 곤충기』에서 봤는데?

곤충은 모두 뇌가 있다. 머리를 잘라도 죽지 않는 것은 각 마디에 신경이 모인 작은 결절점이 있어서 마디별로 생존에 필요한 기본 기능을 갖추고 있기 때문이다. 물론 한 개체가 제대로 기능하려면 뇌가 있는 머리가 필요하다. 개미의 뇌는 약 100만 개의 뉴런으로 구성된다. 뉴런이 10억 개인 인간과 비교할 수는 없지만, 그래도 꽤 많다. 인간이 만들어낸 인공지
능은 뉴런의 수가
수만에 불과하다.
 100만 뉴런의
뇌로 각각의 개미
는 자신의 자리를 분별하여 맡은 바 임무를 다한다. 모든
개체가 동료 개미와 외래 개미, 아군과 적을 구별하고, 동료
의 직무를 구별하며, 좋은 식량을 찾아 모험을 한다. 그리
고 그 결과를 동료에게 가르쳐준다. 길을 아는 개미가 더듬
이로 다른 개미의 몸을 건드려서 이끄는데, 말 그대로 손발
을 모두 써서 목적지를 알려주는 것이다.

 잘 조직된 사회생활에는 개체 사이에 밀도 높은 정보 교
환이 필요하며, 개미는 이것을 주로 화학물질을 방출하고
알아냄으로써 해낸다. 좋은 식량으로 향하는 길에 강한 페
로몬의 흔적을 남겨서 더욱 많은 개체가 그 길을 따라오게
하는 것이다. 일종의 다수결적 집단지성인 셈이다.
 다수결을 말할 때 붉은불개미의 사회를 빠뜨려서는 안

된다. 붉은불개미는 인근에 있는 동족의 둥지들을 습격하여 그곳에 있는 알과 유충을 자신들의 둥지로 납치해 간다. 붉은불개미는 그런 식으로 개체 수를 급격하게 늘린다. 재미있는 점은 알을 빼앗긴 둥지의 여왕이 정복자 개미의 둥지로 이사한다는 것이다. 거대해진 하나의 둥지 안에 여왕 여러 마리가 동거하기도 한다.

물론 그런 상태는 안정적이지 않기 때문에 정기적으로 일개미 전체가 정통 여왕을 한 마리만 선택한다. 그리고 선택받지 못한 여왕들은 전부 죽어버린다. 이 선택에서 살아남는 것은 정복자 개미의 본래 여왕이 아닐 수도 있다. 여왕은 특수한 페로몬을 뿌려서 일개미를 부리는데, 그 페로몬의 강도를 기준으로 인기투표를 하여 정통한 여왕을 뽑는다고 한다. '화학적 민주주의'라고 부르면 될까.

한편 개미는 소리를 이용한 정보 교환도 한다. 잎사귀에 주기적으로 진동음을 내는 가위개미는 그 소리의 간격을 이용해 다른 개체에게 이 잎이 얼마나 좋은 잎인지 알린다고 한다. 그 외에도 알려지지 않은 정보 교환 방법이 틀림없이 더 있을 것이다.

개미 언어의 문법은 전혀 밝혀지지 않았다. 그래도 그것이 매우 고도의 정보 교환 체계라는 점은 의심할 여지가 없다. 그렇지 않다면 어떻게 수많은 개미가 협력하여 수십 배는 큰 곤충을 습격하여 해체하고, 커다란 조각을 겨우 몇 마리의 개미가 함께 짊어져서 둥지로 나르겠는가.

또한 개미는 세상을 떠난 동료를 위해 일종의 공동묘지를 운영한다고 알려져 있다. 동료의 사체가 내는 화학물질을 감지하면 개미들은 죽은 동료를 메고 정해진 방에 옮겨서 나란히 두는 행동을 한다. 아마 집단의 위생을 지키기 위해 그런 습성이 생겨난 듯하다.

다른 집단의 개미로부터 둥지를 지키다 죽은 병사의 커다란 사체를 작은 개미들이 둥지로 끌고 간다. 마치 장례식을 치르듯이.

전쟁에서 죽은 젊은이가 청동 화살에 맞아 쓰러진 것은 참으로 가당한 일이다. 그 죽음에서는 모든 것이 올바르게 보인다.

—호메로스 『일리아스』 제22권 59절

개미가 어떤 감정을 느끼는지, 애초에 개미에 마음이 있는지, 지금은 모른다. 하지만 인간계에서 혼이라고 부르는 것, 혹은 미덕 같은 것이 개미들 사회에서도 눈에 띄는 이유는 무엇일까.

이 완벽하게 구성된 사회, '초개체超個體'✦라고도 할 만한 사회 전체의 생존에 헌신하기 위해 개개의 개미는 스스로를 불살라 자신들의 자리를 지킨다. 그 일사불란하게 통솔된 모습은 고대 그리스의 스파르타인을, 칠레의 정복에 소수로 맞섰던 아라우코족을 방불케 한다.

개미들은 독재자의 공포정치에서 살아가고 있지 않다. 오히려 개미 개체 하나하나는 다른 것에 종속되지 않은 집단의 자유로운 구성원이다. 고전적이고 고대적인 의미로 긍지 높은 주권자인 것이다. 개미의 마음은―혹, 마음이 있다면― 아마도 에게해만큼 청명할 것이다.

✦ 집단으로 생활하는 동물 중에서 각 개체의 생활 능력은 미약하나 하나의 집단이 마치 한 개체 같은 능력을 지니고 있는 경우를 가리킨다. 개미나 꿀벌 같은 곤충이 그 예다.

(개미와 자유)

스무 번째 이야기

개미는 본래 자유로웠다.

개미는 땅을 기며 살아가지만, 그들은 본래 하늘에 있었다. 개미의 선조는 하늘을 누비는 벌이었다. 개미는 대제국을 세우기 위해서 스스로 날개를 자르고 지상에 내려선 것이다. '개미가 날개를 잘랐다.' 이 말은 비유가 아니다. 실제로 말 그대로 했다.

일반 개미는 진화 과정에서 날개를 잃었지만, 여왕이 되어야 하는 처녀 여왕개미와 여왕의 짝이 되기 위해 태어나는 수개미만은 날개를 지니고 있다. 자신의 왕국을 세우기 위해 어미의 둥지에서 날아오른 새로운 여왕은 결혼비행을 마치고 지상에 내려서면 스스로 날개를 잘라낸다. 참고로 모든 수개미는 단 한 번뿐인 비행의 자유를 맛본 뒤 자신의 역할을 다하면 그대로 추락하여 생을 마친다.

날개를 없앤 후 여왕개미는 작은 구멍을 파서 알을 낳고 첫 세대의 일개미가 될 딸들을 키워낸다. 그러고 나면 남은 생애에는 오로지 알을 낳는 것에만 전념한다. 여왕은 군림하되 통치하지는 않는다. 일개미들은 알을 기르고 수를 늘려서 스스로 사회 시스템을 세우고, 둥지를 넓히고 식량 채집장을 확장한다. 그렇게 개미 왕국의 영토가 넓어지는 것이다.

모든 왕국이 순조롭게 발전하지는 않는다. 어느 여왕개미

가 서식하기 적합하겠다고 선택한 땅은 당연히 다른 여왕에게도 매력적인 땅이다. 개미 왕국의 발전을 방해하는 가장 큰 적은 같은 종 또는 다른 종의 개미

왕국들이다.

강인한 병정개미로 구성된 방위군도 종종 다른 개미 왕국과의 전투에서 패배한다. 특히 무서운 것은 전투와 지배에 특화되어 노예사냥을 하는 사무라이개미다.

사무라이개미의 사전에 용서나 자비 같은 단어는 없다. 사무라이개미는 다른 개미 둥지를 습격하여 여왕과 어른 일개미를 모조리 죽인 다음, 알과 유충을 납치해 간다. 둥지를 통째로 빼앗는 경우도 있다. 납치된 알과 유충은 사무라이개미의 노예가 된다. 아직 밝혀지지 않은 무언가 화학적 마술로 사무라이개미의 지배를 받는 것이다. 본래 자신들의 자매를 돌봐야 하는 양육 본능 역시 악용되어서 주인인 사무라이개미의 신변 정리부터 보육까지 하게 된다. 노예 개미의 절망과 비통은 얼마나 클까.

"개미는 마음이 없어서 절망도 비통도 느끼지 않아요."

이렇게 말한 사람은 대학원생 나카무라였다. 대학교 연구실에서 개미의 영상을 보면서 그들의 사회에 대해 설명하던 중이었다. 영상은 세계적인 개미 연구자인 뷔르츠부

생명

르크대학교의 베르트 휠도블러Bert Hölldobler의 유튜브에 올라온 것이었다. 우리 그룹에서 현재 진행하고 있는 다수결 정치 프로세스의 수리모델 연구에 참고할 생각이었다.

"생식 기능이 여왕한테 집약되어 있으니까 확실히 개미한테 연애 감정 같은 건 없을 거야. 하지만 개미한테 마음이 없다고 단언할 수 있을까? 이 영상을 보면 우리가 하는 건 거의 전부 개미도 할 수 있잖아. 개미가 못 하는 건 양자역학 계산 정도 아닐까?"

내 반론에 나카무라가 답했다.

"하지만 개미는 결국 본능으로 이뤄진 프로그램에 따라 행동하는 것 아닐까요. 마음과 감정은 물론이고 자유도 복종도 없을 거 같은데요."

나는 다시 물고 늘어졌다.

"인간처럼 농업을 하고, 인간처럼 동료를 교육하고, 인간처럼 장례를 치르는 개미한테 마음만 없다고 생각해도 될까? 노예사냥을 하는 개미의 행동을 의지가 없는 단순한 자동 프로그램만으로 설명하긴 어렵지 않아?"

나카무라도 물러서지 않았다.

"만약 노예 개미가 반란을 일으키거나 개미 사회에 혁명이 일어나는 게 발견되면 저도 개미한테 마음이 있고 자유 의지가 있다고 인정할게요."

정말로 개미한테 혼이 있다면, 결국에는 자유를 추구할 것이다. 만약 노예 개미가 절망에 짓눌린다면 언젠가 절망은 분노가 되고 강한 혼을 지닌 노예들 사이에서 반란이 불꽃처럼 일어날 것이다. 유유낙낙하게 압정에 따르기만 하는 노예 개미는 그저 자동기계에 지나지 않는다.

학생의 말을 수긍한 채 세미나는 끝났지만, 아무래도 석연치 않던 나는 사무실로 돌아가 확인차 검색을 해봤다. slave노예, ants개미, revolt반란….

검색 결과는 놀라웠다. 마인츠대학교의 토비아스 팜밍거 Tobias Pamminger를 비롯한 연구진이 몇 년 전 발표한 논문이 눈에 띄었다. 논문의 제목부터 「개미의 '노예 반란'의 지리적 분포에 대하여」였다. 조사해보니 그 연구진도 영상을 만들고 있었다. 처음 발표했던 2012년에는 꽤 화제가 되었던 듯했다.

프로토모그나투스 아메리카누스Protomognathus americanus 라는 사무라이개미의 지배를 받는 템노토락스 롱기스피노 수스Temnothorax longispinosus라는 노예 개미에 대해 연구한 논문이었다. 사무라이개미는 육아와 몸치장부터 둥지 청소까지 모두 노예 개미에게 맡겼는데, 그 탓에 반란의 씨앗이 싹텄다고 한다.

일단 태업부터 했다. 노예 개미가 육아를 대충 해서 사무라이개미의 유충들이 잘 성장하지 않았다. 때로는 유충을 적극적으로 죽이기까지 했다. 거기서 나아가 말 그대로 반란을 일으켜 노예 무리가 주인인 사무라이개미를 덮쳤다.

논문에서 팜밍거는 의문을 드러낸다. 진화생물학적으로 보면 이 반란 행동은 수수께끼라고. 대부분 반란은 우세한 사무라이개미의 무력에 의해 진압되고 노예들은 전부 죽임을 당한다. 간신히 잘 도망친 반란 개미가 있다 해도 그 개미에게는 더 이상 돌아갈 둥지가 없으며 모셔야 할 여왕도 없다. 그 때문에 자유를 사랑하는 반역의 유전자는 후대에 이어지지 못하고, 이 세상에는 순종적인 노예의 유전자만 남게 된다.

그렇지만 논문의 저자들은 이렇게 말한다. '혈연선택설✦을 도입해 생각해보면 수수께끼가 풀린다고.

그들의 말은 이런 뜻이다. 반역 정신이 왕성한 노예 개미 종족이 있으며 둥지도 몇 개가 있다고 하자. 둥지 중 일부는 사무라이개미의 습격을 받아 유충들이 노예가 되지만, 자유를 사랑하는 기질 때문에 결국에는 반란을 일으킨다. 반란에 시달린 사무라이개미의 전력이 약해지면, 그들의 침략을 받는 둥지가 줄어들 것이다. 즉, 반란 개미는 용감하게 스스로를 희생하여 일족의 멸종을 막은 셈이다. 이렇게

✦ 꼭 직계가 아니더라도 혈연관계가 가까운 개체끼리 서로 이타적 행동을 해서, 유전자를 공유하는 다른 개체들이 생존에 유리하도록 진화하는 과정. 예컨대 생식 기능이 없는 일개미가 유충을 헌신적으로 돌보는 것 등이 있다.

간접적으로 자신이 일족과 함께 나눠 가지는 혁명적 유전자를 지키는 것이다.

이 가설을 방증하기 위해 논문의 저자들은 여러 장소에서 조사를 했다. 그 결과 노예 개미의 반란 빈도와 습격을 받지 않은 둥지의 비율 사이에 혈연선택 이론대로 상관관계가 있다는 사실을 확인할 수 있었다.

개미에 마음이 있는가. 이 의문의 답은 여전히 모른다. 하지만 개미도 사람처럼 자유를 사랑하고, 자유를 위해 목숨까지 내던지기도 한다.

'개미가 혁명을 일으키는가.' 하는 문제를 제기한 대학원생 나카무라는 도사土佐✦ 지역 토박이다. 그의 의문에는 그야말로 출신지다운 반골 정신과 자유민권사상이, 나카에 조민과 이타가키 다이스케✦✦의 혼이 깃들어 있는지도 모른다.

✦ 도사는 오늘날 고치현의 옛 이름으로, 에도 막부 말 메이지 유신을 주도한 지역이다.
✦✦ 나카에 조민과 이타가키 다이스케는 19세기 말 일본의 자유민권운동을 주도한 인물들로 모두 고치현 출신이다.

안자이 후유에安西 冬衛는 다음과 같은 1행 시를 남겼다.

나비가 한 마리 달단韃靼해협✦을 건너갔다

한번 읽으면 잊기 어려운 북쪽 끝의 환상적인 풍경이다.
그런데 현실은 시인의 영감보다 한층 더 기이하다. 아마 안
자이는 모나크나비monarch butterfly의 이야기를 전해 들었던
듯하다. 그 대형 나비는 캐나다에서 멕시코까지 이동하며
살아간다.

✦ 사할린섬과 러시아 하바로프스크 지방 사이에 있는 '타타르해협'
을 한자음으로 나타낸 음역어다.

모나크나비의 생태에서 믿기 어려운 점은 여러 세대에 걸쳐 대륙을 이동한다는 것이다. 북쪽 대지에서 태어난 모나크나비는 늦여름이 되면 수백수천 마리의 무리를 이뤄 남쪽으로 향한다. 가을바람에 물결이 일렁이는 오대호를 넘어, 끝없이 펼쳐지는 초원 프레리를 건너, 멕시코만을 지나쳐, 선인장이 무성한 사포텍을 가로지르는 총 4000킬로미터를 모나크나비는 생애의 거의 전부인 1개월에 걸쳐서 이동한다. 그리고 마침내 멕시코 남서부 미초아칸주의 산골에 도착해 알을 낳는다. (고치에서 도쿄까지 거리의 5배에 달한다!)✦ 그 땅에서 태어난 다음 세대는 번데기가 되어 겨울을 보내고, 봄이 찾아들면 시원한 북쪽의 초원으로 향한다. 무언가 어려운 사정이 있는지 북쪽으로 돌아가는 여정은 무려 3세대에 걸쳐서 이뤄진다. 도중에 미국에서 두 차례 산란하는데, 그러는 동안 그 수가 절반으로 줄어든다. 긴 여정 끝에 선조들이 있던 캐나다의 땅에 도착하는 것은 남쪽으로 갔던 나비들의 증손에 해당하는 세대다.

현실에서 벌어지는 일들의 우발적인 시간 순서를 무시하면, 이렇게 말할 수도 있다. 안자이 후유에가 몽환 속에서

✦ 서울에서 부산까지 거리의 약 10배에 이른다.

예감한 '해협을 건너는 나비'라는 관념이 수십만 년을 거슬러 올라가 미국 땅에서 한 마리 나비의 모험심을 깨웠고, 그 결과가 여러 세대에 걸쳐 대륙을 건너는 나비로 나타났다고 말이다.

애초에 나비는 그저 근방을 날아다니기 위해서 그토록 크고 화려한 날개를 타고나는 것일까.

곤충의 날개란 직면한 생존 경쟁에서 우연한 변이로 생겨난 작은 날개의 우월함이 진화적으로 누적된 것일 듯하다. 하지만 결과를 보면 날개에 대해서 다르게 말할 수도 있겠다. 나비가 날개를 얻은 것은, 그들이 태어난 작은 생식권에서 벗어나 대지의 여러 장벽을 뛰어넘고 해협을 건너 지구 전체로 퍼져 나가기 위해서였다고.

이런 의문도 떠올릴 수 있다. 인간은 어째서 지성을 손에 넣었을까? 인간이 문명사회를 이룩하고 과학을 발전시킨 이유는 무엇일까?

인간 내부의 생존 경쟁에서 살아남기 위해서라는 것은 틀림없다. 과학을 발전시킨 인간은 근대 산업을 일으켰고

대기를 이산화탄소로 가득 채워서 지구의 기후마저 바꾸려 하고 있다. 그래도 과학은 발전을 멈추지 않고 인류는 계속 늘어나 지상에 있는 유용한 자원을 전부 먹어 치울 기세다.

청년의 모험심을 만족시켜줄 만한 미지의 장소가 지상의 어딘가에 남아 있을까. 지구는 앞으로 몇 년이나 인류의 생존을 지탱해줄 수 있을까.

타히티섬의 화가 고갱을 따라 다음처럼 바꿔 말하면 어떨까.

우리는 어디에서 왔는가.
우리는 누구인가.
우리는 어디로 가는가.

문명을 발전시킨 지적생명체는 공간적으로 어디까지 퍼질 수 있을까.

우리 은하의 변경에서 흥한 인류 문명이 존속한 기간은 길게 잡아야 1만 년이다. 그에 비해 드넓은 우주에는 2조

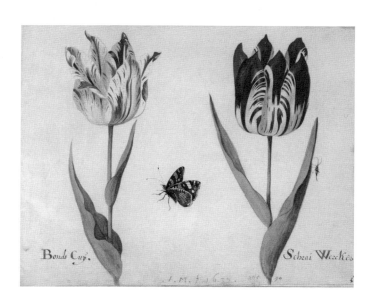

Bonde Cuy.

Schrai Wercken.

I. M. † 1633.

가 넘는 은하가 있고, 각각의 은하에는 수십억의 항성이 있으며, 그중 일부는 행성을 거느렸을 것이라고 추측된다. 그런 행성 중 매우 드물더라도 일부에서 지적생명체가 탄생해 수만 년, 수십만 년, 나아가 수백만 년에 걸쳐서 존속하고 있으리라 예상하는 것은, 그런 존재가 전혀 없다고 예상하는 것에 비해 훨씬 자연스러운 추측이다.

어느 행성에 십만 년간 계속된 문명이 있다면, 아마 그 문명은 태양을 공유하는 다른 행성에도 진출했을 것이다. 수십만 년 동안 이어진 문명이 있다면, 그 문명은 다른 항성계까지 나아갔을 것이다. 인근 항성계에 도착한 지적생명체의 문명은 더욱 먼 항성계로, 은하 전체로 퍼져 나가지 않을까.

그럴 때 앞을 가로막는 장벽은 광속이다. 현재 상정할 수 있는 기술로는 우주선을 광속의 100분의 1로 날리는 것이 가능하다는데, 이 속도로 은하계 끝부터 끝까지 왕복하려면 약 200만 년이 필요하다. 지구에서 태양 다음으로 가까운 별인 프록시마 켄타우리까지도 400년이 걸리기에 여러 세대에 걸쳐 비행해야 한다.

그렇지만 지성을 지닌 생명이 시간과 허공의 벽 앞에서 언제까지나 기죽은 채 있지는 않을 것 같다. 날개를 낳은 유전자 프로그램의 논리적 결과가 타타르 해협을 건너는 나비라면, 지성을 낳은 유전자 프로그램의 논리적 결과는 은하를 건너는 인간일지도 모른다.

지구상의 생명이 우주에서 기원했다는 가설도 여전히 유력하게 남아 있다.

지구 밖 수수께끼의 전파원인 CTA-102를 연구하던 러시아 천문학자 니콜라이 카르다쇼프Nikolai Kardashev는 1962년의 논문에서 전파가 지구 밖 문명이 보내는 신호라고 주장했다. 이 가설 자체는 나중에 부정되었고, CTA-102의 정체는 활동은하핵✦이라는 것이 밝혀졌다. 하지만 우주에 지적생명체가 가득하다는 카르다쇼프의 확신은 흔들리지 않았다. 외계 지적생명체 탐사의 권위자가 된 카르다쇼프는 우주에 존재할 수 있는 모든 문명을 에너지 소비량에 기초해 3단계로 분류했다.

✦ 유난히 활동성이 강한 은하의 중심 영역을 가리키며, 일반적인 은하에 비해 다양한 파장의 막대한 에너지를 방출한다. 활동은하핵이 있는 은하를 활동은하라고 한다.

1단계 문명은, 한 행성의 전체 에너지를 사용한다.

2단계 문명은, 한 항성계의 전체 에너지를 사용한다.

3단계 문명은, 한 은하의 전체 에너지를 사용한다.

카르다쇼프의 계산에 따르면 현대 인류 문명은 0.71단계 정도로 아직 1단계를 완성하지 않았다고 한다.

안자이 후유에가 환상 속에서 본 극한의 해협을 건너는 나비는 무수한 별빛이 거품처럼 이는 하늘의 바다를 건너는 인간의 은유라고, 수만 년 후의 사람들은 생각하지 않을까.

(철새를 이끌고) 　스물두 번째 이야기

세기가 바뀐 서력 2001년 연말, 탁 트인 푸른 하늘과 순백의 모래사장으로 유명한 플로리다주 펜서콜라 교외에서 벌어진 일이다. 주민들은 기적 같은 광경을 목격했다. 글라이더처럼 생긴 비행체를 따라서 일곱 마리의 아름다운 미국흰두루미가 멋지게 V자 편대를 이루며 북쪽 하늘로부터 날아와 마을과 인접한 자연보호구역을 향해 간 것이다. 저렇게 흰두루미들이 겨울마다 찾아왔었다며, 70년도 더 된 오래전 기억을 떠올린 노인도 있었다.

마을 변두리에는 한 초로의 신사가 지프차를 세우고 길

가에 서서 눈물을 흘리며 하늘을 올려다보고 있었다. 그는 빌 슬레이든Bill Sladen, 철새를 연구하는 동물학자다. 그날은 바로 슬레이든 박사의 프로젝트 '철새 이동 작전'이 성공한 기념할 만한 날이었다. 그로부터 두 달 전, 흰두루미들은 초겨울에 접어든 위스콘신주의 습지공원을 뒤로하고 날아올랐다. 경비행기가 이끄는 대로 아메리카 대륙을 2000킬로미터나 날아서 남하한 것이다. 글라이더 같은 경비행기를 조종하는 이는 슬레이든의 친구 윌리엄 리시먼William Lishman이었다.

리시먼의 어릴 적 꿈은 하늘을 나는 것이었다. 그래서 캐나다 공군에 입대했지만, 색맹 판정을 받아 파일럿 시험에서 떨어졌다. 리시먼은 실의에 빠져서 온타리오주에 있는 아버지의 농장으로 돌아왔지만 꿈을 포기하지 않고 농장일을 도우며 글라이더 조종을 배웠다. 초경량 간이 경비행기를 날린 존 무디John Moody의 이야기를 들은 리시먼은 곧장 자신의 글라이더를 혼자 개조해 경비행기로 만들었다.

전환점은 영화관에서 찾아들었다. 모터보트가 오리 떼

를 인솔하는 장면을 본 것이다. 새들과 함께 비행하는 어릴 적 꿈이 되살아났다. 모터보트로 가능하다면, 모터글라이더로도 새들을 이끌 수 있지 않을까!

1988년, 리시먼은 마침내 열두 마리의 캐나다기러기 편대를 이끌고 농장 상공을 주회하는 데 성공했다. 기러기와 함께 비행하는 과정을 촬영한 영화로 리시먼의 이름은 점점 널리 알려졌다.✦ 그 이야기가 슬레이든에게 전해진 것은 1992년이었다.

✦ 리시먼이 제작한 30분짜리 영화 「이리 와, 기러기!(C'mon Geese!)」는 유튜브에서도 볼 수 있다. https://youtu.be/Acc-FaLqXzI

당시 빌 슬레이든은 미국 버지니아주의 에어리 조류연구소에서 멸종 위기종인 미국흰두루미의 개체 수를 늘리는 데 힘쓰고 있었다. 오래전 흰두루미들은 봄가을마다 북미의 하늘을 수놓았지만, 20세기에 급격히 개체가 줄어서 한때는 스무 마리가 채 안 되기도 했다.

슬레이든의 연구는 넘기 어려운 벽과 마주하고 있었다. 이미 두루미의 인공부화는 할 수 있었다. 하지만 부모에게서 길을 배우는 자연 속 두루미와 달리 인간이 기른 두루미는 이동하는 법을 익힐 수 없었다. 남쪽으로 이동하지 않으면 추운 환경에서 살아남지 못했다. 플로리다주의 호수와 늪지대에 미국흰두루미를 풀어보기도 했지만, 여름철의 번식기에 다른 새와 벌이는 생존 경쟁을 힘겨워해서 좀처럼 정착하지 못했다.

슬레이든은 기러기 편대를 이끄는 초경량 경비행기의 이야기를 듣자마자 무릎을 탁 쳤다. 그 비행기를 조종하는 청년에게 흰두루미와 함께 대륙을 건너달라고 하면 되지 않을까.

그로부터 9년 동안 처음에는 캐나다기러기, 그다음에는 미국흰두루미와 비슷한 두루미로 현장에서 시험을 반복했다. 특히 어려웠던 점은 새가 사람과 친숙하지 않은 상태를 유지한 채 비행기를 따르게끔 가르치는 것이었다. 야성을 잃은 두루미들은 툭하면 이동 연습을 도중에 팽개치고 학교의 교정에 내려앉아서 아이들과 함께 놀았다. 본래 절대로 사람에게 가까이 다가가지 않는 고고한 생물이 먹이를 조르며 아이들을 쫓아다니다니, 그 모습을 본 슬레이든은 눈앞이 아찔했다.

새로운 기획을 반복해 거듭되는 실패를 뛰어넘은 끝에 드디어 2001년 늦가을을 맞이했다. 리시먼과 미국흰두루미가 2개월에 걸친 정식 비행을 할 때가 된 것이다.

그리고 마침내 펜서콜라의 길가에 서 있던 슬레이든의 머리 위를 흰두루미들이 아름다운 날개를 자랑스레 펼치고 리시먼과 대열을 이루어 지나쳐갔다!

선두를 날아가는 모터글라이더에서 비행복 차림에 고글을 쓴 리시먼이 손을 흔들었다. 슬레이든을 알아보고 건네는 인사인지, 흰두루미들이 일제히 내는 울음소리가 들판

생명

으로 울려퍼졌다.

훗날 "왜 새들에게 이동하는 법을 가르치고 싶었습니까?"라고 묻는 신문 기자에게 리시먼은 다음처럼 답했다.

인간이 새에게 비행을 배웠으니, 날지 못하는 새에게 비행을 가르치는 건 우리의 의무가 아닐까 생각했습니다.

고대 아메리카의 전설에 따르면, 태양이 매일 아침 떠오르기 위해서는 인간이 끊임없이 고결한 행실을 바쳐야 한다. 리시먼과 슬레이든 같은 사람들이 한 일은 어쩌면 지구가 계속 돌 수 있는 이유 중 하나일지도 모른다.

출전

각 장마다 등장하는 요시다 잇스이의 시는 다음 책에서 인용했다. 『吉田一穗詩集』, 現代詩文庫 1034, 思潮社 1989.

제명

Kahril Gibran, *Sand and Foam*, Alfred A. Knopf 1926.

첫 번째 이야기

C. T. Scrutton and R. G. Hipkin, "Long-term changes in the rotation rate of the Earth", *Earth-Science Reviews* 9, 1973: p.259-274.

F. Nietzsche, *Also sprach Zarathustra: Ein Buch für Alle und Keinen*, Ernst Schmeitzner 1883. (한국어판: 프리드리히 니체 지음, 장희창 옮김, 『차라투스트라는 이렇게 말했다』 민음사 2004.)

두 번째 이야기

A. E. Rubin and J. N. Grossman, "Meteorite and meteoroid: New comprehensive definitions", *Meteoritics & Planetary Science* 45, 2010: p.114 –122.

M. Davis, P. Hut, and R. Muller, "Extinction of species by periodic comet showers", *Nature* 308, 1984: p.715 –717.

세 번째 이야기

S. Gillessen, F. Eisenhauer, S. Trippe, T. Alexander, R. Genzel, F. Martins and T. Ott, "Monitoring stellar orbits around the Massive Black Hole in the Galactic Center", *The Astrophysical Journal* 692, 2009: p.1075 –1109.

R. M. Wald, *Space, Time, and Gravity: The theory of the Big Bang and black holes*, University of Chicago Press 1992.

네 번째 이야기

J.-L. Lagrange, "Essai sur le Problème des Trois Corps", *Prix de l'académie royale des sciences de Paris, tome IX*, 1772.

다섯 번째 이야기

F. J. Jervis-Smith, *Evangelista Torricelli*, Oxford University Press 1908.

B. Pascal, *Pensées*, Éditions Rencontre 1960. (한국어판: 블레즈 파스칼 지음, 이환 옮김, 『팡세』 민음사 2003.)

여섯 번째 이야기

P. Fournier and F. Fournier, "Hasard ou mémoire dans la découverte de la radioactivité", *Revue de l'histoire des sciences* 52, 1999: p.51 - 80.

일곱 번째 이야기

초출: 全卓樹, 「所感雑感」, 『高知新聞』 2018. 8. 6.

R. Rhodes, *The Making of Atomic Bomb*, Simon & Schuster 1987. (한국어판: 리처드 로즈 지음, 문신행 옮김, 『원자 폭탄 만들기 1, 2』 사이언스북스 2003.)

여덟 번째 이야기

H. Everett, ""Relative State" Formulation of Quantum Mechanics", *Reviews of Modern Physics* 29, 1957: p.454 - 462.

아홉 번째 이야기

服部哲弥, 『統計と確率の基礎』 学術図書 2006.

Z. Wang, B. Xu and H.-J. Zhou, "Social cycling and conditional responses in the Rock-Paper-Scissors game", *Scientific Reports* 4, 2015: p.5830(7pp).

열 번째 이야기

S. Brin and L. Page, "The Anatomy of a Large-Scale Hypertextual Web Search Engine", *Computer Networks and ISDN Systems* 30, 1998: p.107 - 117.

열한 번째 이야기

M. J. Salganik, P. S. Dodds and D. J. Watts, "Experimental Study of Inequality and Unpredictability in an Artificial Cultural Market", *Science* 311, 2006: p.854 - 856.

열두 번째 이야기

D. Austen-Smith and J. S. Banks, "Information Aggregation, Rationality, and the Condorcet Jury Theorem", *American Political Science Review* 90, 1996: p.34 - 45.

열세 번째 이야기

S. Galam, *Sociophysics: A Physicist's Modeling of Psycho-political Phenomena*, Springer 2012.

T. Cheon and S. Galam, "Dynamical Galam model", *Physics Letters A* 382, 2018: p.1509 –1515.

열네 번째 이야기

T. Horikawa, M. Tamaki, Y. Miyawaki and Y. Kamitani, "Neural decoding of visual imagery during sleep", *Science* 340, 2013: p.639 –642.

열다섯 번째 이야기

C. Everett, *Linguistic Relativity: Evidence Across Languages and Cognitive Domains*, Walter de Gruyter 2013.

S. Salminen and A. Johansson, "Occupational Accidents of Finnish-and Swedish-Speaking Workers in Finland: A Mental Model View", *International Journal of Occupational Safety and Ergonomics* 6, 2000: p.293 –306.

열여섯 번째 이야기

E. Awad, S. Dsouza, R. Kim, J. Schulz, J. Henrich, A. Shariff, J.-F. Bonnefon and I. Rahwan, "The Moral Machine experiment", *Nature* 562, 2018: p.59 –64.

열일곱 번째 이야기

R. L. Canfield (ed.), *Turko-Persia in historical perspective*, Cambridge University Press 1991.

열여덟 번째 이야기

C. Burns (ed.), *The Moth: This Is a True Story*, Serpent's Tail 2015.

열아홉 번째 이야기

B. Hölldobler and E. O. Wilson, *The Ants*, Harvard University Press 1990.

스무 번째 이야기

T. Pamminger, S. Foitzik, D. Metzler and P. S. Pennings, "Oh sister, where art thou? Spatial population structure and the evolution of an altruistic defence trait", *Journal of Evolutionary Biology* 27, 2014: p.2443 –2456.

스물한 번째 이야기

A. Agrawal, *Monarchs and Milkweed: A Migrating Butterfly, a Poisonous Plant, and Their Remarkable Story of Coevolution*, Princeton University Press 2017.

N. S. Kardashev, "Transmission of Information by Extraterrestrial Civilizations", *Soviet Astronomy* 8, 1964: p.217 −221.

스물두 번째 이야기

P. Hermes, *Fly Away Home: The novelization and story behind the film*, New market 2005.

도판 목록

은하의 한구석에서 과학을 이야기하다

물리학자가 들려주는 이 세계의 작은 경이

초판 1쇄 발행 2021년 11월 29일

지은이 전탁수
옮긴이 김영현
펴낸이 김효근
책임편집 김남희
펴낸곳 다다서재
등록 제2019-000075호(2019년 4월 29일)
주소 10358 경기도 고양시 일산동구 산두로 180 709-302
전화 031-923-7414
팩스 031-919-7414
메일 book@dadalibro.com
인스타그램 @dada_libro

한국어판 ⓒ 다다서재 2021
ISBN 979-11-91716-05-4 03400

◆ ◆ ◆

◆ 우주의 중심에 자리한 블랙홀의 정체

◆ 자유를 찾아 반란을 일으키는 노예 개미

◆ 가위바위보 필승 전략과 민주주의의 수리학

◆ 여론을 좌지우지하는 소수파의 비밀

◆ 잊어버린 꿈을 되살리는 기술과 윤리의 문제

◆ ◆ ◆

◆ ◆ ◆

"과학은 비밀의 정원이다. 방정식과 전문용어라는 벽이 과학을 둘러싸고 있어 그냥 지나치는 이에게는 쉽사리 매력을 드러내지 않는다. 그 정원의 벽에 조그만 창을 내는 것이 우리 과학자의 책무라 할 수 있다." **서문 중에서**

◆ ◆ ◆

아득한 우주의 비밀에서 일상을 움직이는 원리까지
원자와 생명, 양자역학과 사회 윤리를 오가는
서정적이고 철학적인 22편의 과학 이야기

제3회 야에스책 대상
제40회 데라다 도라히코 기념상 수상

세계가 있기 위해서는,

세계가 있다고 확정하기 위해서는,

세계의 진행을 지켜보며 인지하는 주체가 필요하다.

아마도 영원이란,

바다에 일렁이는 파도의 움직임 그 자체는 아닐 것이다.

그 파도에서 무한한 회귀를 느끼는 우리의 의식 속에서만

우리는 영원을 발견할 수 있다. **본문 중에서**

ISBN 979-11-91716-05-4 03400
값 15,000원